悦读丛书
媒介与大众文化系列

浙江省社科联社科普及及课题成果
21KPWT03ZD-9YB

以汉服之名

媒介中的文化意象

徐艳蕊　著

ZHEJIANG UNIVERSITY PRESS
浙江大学出版社
·杭州·

图书在版编目（CIP）数据

以汉服之名：媒介中的文化意象 / 徐艳蕊著. --
杭州：浙江大学出版社, 2023.7
ISBN 978-7-308-23726-0

Ⅰ.①以… Ⅱ.①徐… Ⅲ.①汉族—民族服饰—服饰
文化—文化传播—中国 Ⅳ.①G12②TS941.742.811

中国国家版本馆CIP数据核字(2023)第075941号

以汉服之名——媒介中的文化意象

徐艳蕊　著

丛书策划	徐　婵
责任编辑	顾　翔
责任校对	陈　欣
封面设计	VIOLET
出版发行	浙江大学出版社
	（杭州市天目山路148号　　邮政编码　310007）
	（网址：http://www.zjupress.com）
排　　版	杭州林智广告有限公司
印　　刷	杭州钱江彩色印务有限公司
开　　本	710mm×1000mm　1/16
印　　张	15.75
字　　数	230千
版 印 次	2023年7月第1版　2023年7月第1次印刷
书　　号	ISBN 978-7-308-23726-0
定　　价	78.00元

总　序

一直以来，我们对大众文化的感知总是宏大而模糊，它是音乐、电视、电影，也是某段时间的社会流行，还是群体共享的价值观，它似乎包罗万象，却又不可触及。在关于大众文化的诸多表达中，媒介文化是大众文化发展到一定阶段后出现的新型文化形式，涉及的领域十分庞杂，又依托新型网络技术，演化出无限丰富的内涵。这些新技术不仅融合了多种传播媒介，更创造出一个泛在的、多元化的媒介环境，在潜移默化中改变了大众文化的表现形态，调整了媒介与人类社会的关系。自此，大众文化不再是一个模糊空洞的术语，而是一种与新兴媒介共生的特殊生活方式。

清晨唤醒我们的可能不是晨曦鸟鸣，或是石英闹钟的嘀嘀哒哒，而是手机传出的自定义音乐。起身后，查看微信留言成了几乎所有人的习惯。从广播电视的早间新闻节目中获知天下大事已经太过滞后，人们开始习惯登录新浪微博、抖音或其他手机APP，看看身边发生了什么趣事、世界起了怎样的变化。而这样的"查看"会在一天剩下的碎片时间内上演很多次，成为下意识的肌肉行为。天各一方的朋友不必焦急期盼着见字如晤，一个视频电话就能让大家促膝长谈。而借着网络一线牵，内向的人不必再害怕社交，陌生人也能迅速热络起来。于是信箱里的报纸和信件消失了，快递柜里的网购包裹成就了每日的惊喜。操场上玩泥巴的小朋友不见了，虚拟世界里开黑联排的"战友们"增多了。纸和笔虽然未被弃用，但电脑等生产力工具成了人们的不二选择。唱片、磁带和录像带上都落了灰尘，剧场的时间难合心意，倒不如打开平板，戴上耳机，隔绝外界干扰，沉浸在一场场视听盛宴中……如果有个从100年前意外来到2022年的穿越者，他一定会惊讶于所看到的一切，但对于我们大多数人来说，这些与新媒介共生的情景稀松平常得如同吃饭饮水，白叟黄童皆享乐其间。

毋庸置疑，媒介文化已然渗透至日常生活的方方面面，以至于很多时候，我们很难跳出现有的视角审视和理解它所带来的巨大影响，甚至会忘记自身正处在一个由媒介环绕的世界中。也正是这种潜移默化的、沉浸式的生活体验，让媒介几乎主宰了我们每一天的心得体悟。

既然我们已经发现了媒介文化已经深刻融入现代人的生活方式，就需要继续讨论这种参与的价值及后续影响。社会化理论认为，人的一生都需要不断提高自身的社会化程度，学习生活技能和工作技能，培养沟通能力和思辨能力，内化社会主流价值观，以便更好地适应现在及未来的社会生活。个人的社会化不是刻意而为的教学，也没有限定场景，在个人与他人、个人与环境的交互中，社会化进程会自然而然地向前推进。美国传播学者查尔斯·赖特认为，现代人社会化的场景除了家庭、学校等人际交往圈层，还有特定的大众传播环境。除了社会化功能，环境监视、解释与规定，以及提供娱乐也是大众传播的重要功能，即媒介"四功能说"。换言之，媒介对个人生活的参与程度远比想象中的深远：它不仅提供了现代化生活方式的范例，还是我们愉悦自身、获得身份认同、内化社会价值观、感知所处环境并做出恰当回应的关键场景。

这样的关键场景正随着大数据、5G、AI等新网络技术的更迭发展而扩大，赋予了媒介文化更强劲的生命力。人们的生活方式和社会认知模式不断更新，迫使各行各业自我变革以适应时代发展，新产业、新业态层出不穷，提升了我们的生活创新力。无论是年轻人还是银发族，都越来越离不开媒介带来的全新体验，甚至主动参与至媒介文化传播中，以满足在工作、生活、精神娱乐等方面的独特需求，媒介文化也由此重塑了我们思考、沟通和交往的方式。也就是在这样的紧密相连中，媒介与我们的关系出现了一定程度的扭曲。

　　看不见的网络通过一个个数字信号拉近了人与人之间的距离，却悄无声息地异化了正常的社交距离和尺度。海量的网络信息使人们足不出户便可领略广袤世界，却也在潜移默化间禁锢了人们的视野。一些严肃讨论日渐娱乐化，思想碰撞退化为非理性诡辩，以热爱限制自由，以立场判定是非功过。庸俗的暗语和难懂的缩写如病毒般蔓延，暴戾逐渐填充网络空间。大概这就是为何有人以"娱乐至死"来总结当下，并将祸水源头归于网络文化兴盛吧。尤其当青少年成为网络文化的主要受众时，人们的担忧更增加了几分。青少年正处在生理心理急速发展、人际交往和外部环境交替变化的"风暴"期，时刻徘徊于矛盾与挑战间。由于媒介对日常生活的全方位浸染，他们不可避免地开始独立接触互联网和大众文化，甚至有时更把网络当作他们逃避现实世界的空间，只是他们的初级社会化进程尚未完成，未能形成独立思考、理性判断的能力，容易被各类网络事件误导。知悉了这些，对青少年群体媒介参与的正确引导就显得格外重要。

　　那么，在媒介文化传播与人类社会联系愈加紧密的今天，媒介文化应被视为人类进步的推力还是阻碍？不同年龄层的人们如何参与至媒介文化中？网络文化给他们带来了怎样的影响？我们又该如何面对网络中复杂的传播现象和事件？当越来越多的人开始思考这些问题时，本套媒介与大众文化系列丛书的出现恰逢其时。本套丛书力图通过揭示媒介文化的形成机制来引导读者认识复杂的文化现象，培养理论洞察力和批判能力，拓宽视野。本套丛书选择了10个人们在日常关注并参与的话题，希望通过对具体个案的描述和分析，对传播学的基本理论做深入浅出的解读，帮助读者学会以传播学的视角辩证地思考周遭发生的事件，进而萌生对传播行业的兴趣。

浙江大学求是特聘教授

吴飞

自 序

华夏服饰，从历史中迤逦而来

汉服是中国历史上汉民族服饰的统称，汉服的渊源可以追溯到传说中的黄帝时代，一直延续到明朝末年，清军入关为止。2000 年之后，随着中国经济的繁荣，民族意识的增强，汉服又重新回到人们的视野，尤其受到年轻人的欢迎。越来越多的人开始在生活中穿着汉服，汉服社团不断增加，与汉服有关的商业活动也日益繁盛。因此，了解汉服在当代的发展与流变，挖掘汉服运动对振兴民族文化、增强国家软实力的积极影响，是一件十分有意义的事。

本书分三个部分共十二章探讨汉服在当代的发展及其在媒体报道中的活动轨迹。

第一部分"前世今生"分四章从时空关系上梳理汉服的历史沿革，以及汉服复归后在媒介地图中的空间开拓。

第一章"华夏衣冠：何谓汉服？"讲述汉民族服饰在历史上不同时期的形制特点。在夏商周时期，上衣下裳形制和服章制度逐渐确立和完善，这为汉服的服制奠定了历史基调。秦汉时期，经济快速发展，服饰也逐渐由俭转奢，崇尚宽衣大袖。魏晋南北朝时期，各民族之间文化交流频繁，胡服和汉服相互借鉴学习，汉服一方面越发往飘逸潇洒的方向发展，另一方面也增加了许多紧身连裆小袖的样式。隋唐时期，服饰风格华美，女服流行大袖对襟纱罗衫、高腰襦裙，男子多穿着圆领袍衫。两宋时期，受到程朱理学"存天理，灭人欲"的影响，服饰趋向端正素雅。明代妇女喜欢穿着褙子，男子常着圆领袍，整体风格偏好精细雅致。在这些传统服饰的沿革中，保存有大量珍贵的民族传统服饰元素，为当代汉服运动发展奠定了美学基础。

第二章"曲水流觞：汉服的消失与复归"讲述汉服在当代重新回到大众视野的过程。20世纪末21世纪初，国学成为新的文化热潮，中国古典哲学、文学和艺术被更多的人关注和喜欢。这时，在网络上有年轻网友提出，和中国其他优秀文化遗产一样，传统服饰也应该被重新了解和评价。2003年11月22日，郑州电力系统的普通工人王乐天把汉服穿上了街头，许多汉服爱好者把这一天看作汉服运动的起点。从此之后，越来越多的年轻人开始制作和穿着传统服饰，汉服运动由此迤逦展开。

第三章"与子同袍：汉服社团"探讨汉服社团如何在线上、线下组建与发展。汉服社团早期主要包括社会团体、高校团体和海外汉服团体这三种类型；后期组织变得更加多样化，涌现出了《汉服春晚》筹备小组等汉服宣传团体。这些团体是承办、参与汉服活动的主体力量。

第四章"一衣带水：汉服与古风圈"讲述古风圈这个主要凭借网络平台发展起来的、喜爱中国古典文化的群体对汉服运动的助力。古风圈主要包括古风音乐圈及古风小说圈，这些亚文化圈层的作品中使用了大量的汉服元素。在这些圈层中活跃的年轻人，许多也同时是汉服圈的中坚力量。

第二部分"灼灼其华"分四章讨论汉服的制作、销售，汉服雅集和汉服秀表演，以及汉服在古装电视剧中的使用。

第五章是"素手裁衣：汉服的民间制作"。由于汉服的制作没有现成的知识系统可供学习，汉服爱好者们想要还原汉服，就要从历史文献中提炼汉服制作技术，寻找适配面料，在尝试中积累经验。在服饰还原方面，最为出名的团体是成立于2007年的中国装束复原小组。由于他们制作的服饰高度还原了中国传统服饰的韵味，2012年他们受到中国外交部邀请，在中日韩传统服饰展演上展示真正的传统汉服，得到了国际友人的认可和称赞。

第六章是"花想衣裳：汉服商业制作与销售"。随着汉服热的兴起，年轻人对汉服的消费需求逐年攀升，汉服产业发展兴盛。汉服的商业销售主要依赖网络来进行。淘宝上汉服店如雨后春笋般生长，汉服的购买和定制越来越方便。自媒体和短视频平台的快速发展，为汉服爱好者提供了展示空间，催生了汉服网红。汉服网红带动了更多人穿着汉服。网络直播成为汉服商家的重要营销渠道，对汉服产业的发展起到了极大的推动作用。

第七章"锦绣华裳：汉服走秀与表演"介绍了影响力最大的几种汉服活动：西塘汉服文化周、中国华服日[1]、华裳秀典·国风时装秀、中国装束复原小组的复原秀，以及《汉服春晚》。这些大型汉服活动的出现，意味着汉服运动聚集了越来越多的商业资源。资金投入的增加，使汉服的制作更加精美，在大众眼中的好感度直线上升，为汉服运动创造了更大的发展空间，也给文娱市场和旅游业注入了新的活力。

第八章"镜里春秋：汉服在古装剧中的呈现"解析了四部经典古装剧的汉服造型：《汉武大帝》中的汉代深衣与红装；《大明宫词》中的唐代衮冕和襦裙；《清平乐》中的宋代帝后冠服；《玉楼春》中的明代道袍、补服和袄裙。由于国学兴起，2000年之后的古装剧加强了对历史服饰的考据，在兼顾美学效果的基础上尽量还原历史。这些古装剧在观众中培养了相当多的古典服饰的爱好者，推动了汉服热的升温。

第三部分"百家争鸣"分四章梳理汉服的相关研究，探讨汉服作为传统文化复兴的媒介表征的意义。

1　中国华服日，由共青团中央发起，时间定为每年农历三月初三，2018年举行第一次活动。

第九章是"新旧之争：汉服的形制派、考据派和改良派"。形制派、考据派和改良派是汉服爱好者自发形成的"草根"学术流派。形制派主张汉服制作应严格遵照历代传统服饰的服制规格，穿着时要控制身体姿态，行动合乎传统着装礼仪；考据派强调每件汉服的制作都要有充足的考古依据，比如历史典籍和出土文物中的服饰样式，没有考古依据的汉服只是现代人臆想中的伪汉服；而改良派则认为可以对汉服进行现代化改良，让其更适合在日常生活中穿着。这几种不同的主张推动了汉服实践活动的多样化发展。

第十章"五彩纷呈：汉服在媒体上的发展轨迹"梳理了汉服运动议题在网络上不同时期的发展。汉服运动的"发源地"之一是 2003 年元旦建立的"汉网"。其网友认为 56 个民族都有自己的民族服饰，汉族也应该有，于是汉服的概念就在讨论中应运而生。2005 年百度汉服吧建立，接替早期的汉服网站成为汉服运动的主要阵地。其吧友倡导"汉服复兴，衣冠先行"，把推广汉服当作复兴传统文化的重要方式。2015 年前后，汉服成为新浪微博的热议话题，从此之后，社交媒体和视频平台成为展示汉服的主要平台，诞生了相当一批汉服网红，也推动了汉服的产业化进程。由此可以看到，随着网络技术的升级，汉服获得了越来越多的扩大自身影响的宣传途径。

第十一章"探本穷源：有关汉服运动的学术研究"梳理学术界出现的与汉服相关的研究。总体来说，与汉服运动相关的文献还不多且较为分散，大致可以分为以下几类：构建汉服概念；探究汉服运动兴起的原因、过程及影响；讨论汉服运动发展中出现的问题；关注汉服运动的商业化、现代化与社会化进程；从文化和教育的层面思考汉服运动的意义。此外，还有一些论文和专著，虽然不是直接对汉服运动的研究，但有密切的相关性，为汉服运动提供了资源和动力，主要包括古代服饰发展通史和古代服饰专题研究，这些研究是构建汉服概念、考据汉服形制的重要依据。由此可以看到，汉服热不仅是一场恢复古代传统服饰的社会运动，而且是包含有文化、美学、社会伦理等多方面诉求的，涉及服装、历史、考古、经济学、社会学、美学、现象学等多个领域的思想风潮。

　　第十二章"壮我华夏：汉服与传统文化复兴"分析汉服运动在倡导复兴民族传统文化的过程中遭遇过的误解和产生的论争。由于汉服和现代服饰在样式上有非常显著的差异，早期穿着汉服出街的爱好者们遭遇到过许多非议，比如有人认为他们哗众取宠，或者指责他们穿的是和服不爱国，对此汉服爱好者的策略是加大对汉服及相关历史知识的普及和推广。他们认为，与汉服的隔阂直接源自与中国历史的隔阂，所以希望通过推动人们去深入了解汉民族的历史和传统，让更多的人接受汉服。此外，在汉服团体中有一部分人认为恢复汉服的时候应该同时恢复儒家礼仪和伦理观念，尊崇三纲五常；而另一些人认为不能全盘复古，应该站在现代社会的价值立场上对儒家伦理进行反思和重构。这些讨论拓展了汉服运动的深度及广度。

　　以上三个部分、十二章对汉服的发展轨迹、活动空间、呈现形式和围绕汉服展开的舆论争议与学术研究进行了整理和总结，展现了汉服运动在当代文化中的意义。首先，汉服运动是由青少年自发兴起的、起源于互联网的一种带有柔和的立场、不强调对抗的社会运动，汉服运动利用新媒体技术努力创造文化、美学和商业价值，积极寻求国家的认可，并最终获得了成功，走出了一条富有中国特色的道路。其次，汉服运动从"草根"运动到成为社会热点的历程，说明了互联网时代国家吸纳社会运动进入制度轨道的能力正逐渐增强，国家与社会之间的关系变得更有弹性。最后，汉服运动在商业上的成功，为传统文化资源转化为现实文化生产力提供了优秀范例。

目录

第二部分　灼灼其华

第一部分

前世今生

第一章 华夏衣冠：何谓汉服？

汉服是华夏民族在历史发展中形成的一套独特的服饰体系。

人类发展已有百万年的历史，但人类的文明史只有六七千年。在进入文明社会之前，人类居住在洞穴里，用树叶或兽皮保护身体，抵御寒冷。中国重要的典章制度选集《礼记·礼运》记载道："昔者先王未有宫室，冬则居营窟，夏则居橧巢。未有火化，食草木之实，鸟兽之肉，饮其血，茹其毛，未有麻丝，衣其羽皮。后圣有作，然后修火之利，范金、合土。以为台榭、宫室、牖户。"[1] "未有麻丝，衣其羽皮"，讲的就是在纺织技术出现之前，中国早期人类的衣着方式。

"衣其羽皮"，听起来简陋，但做起来并不简单。人类最早期的缝纫工具是骨针，骨针是在旧石器时代就已经出现的缝纫编织工具。1930年，在北京郊区房山县（今房山区）周口店龙骨山山顶洞人的居住遗址，出土了一根长约82毫米，最大直径3.3毫米的骨针，针身保存完好，仅针孔残缺，刮磨得很光滑。[2]

1983年，在位于辽宁海城小孤山的旧石器时代晚期洞穴遗址中，出土了3枚骨针。这3枚骨针是3万年前的人类造物，用动物肢骨磨制，针眼用对钻方法制作，最长的一枚为象门牙制成，共774毫米。此时，人们已经掌握了较为熟练的

---

1 冯国超主编.礼记[M].长春:吉林人民出版社,2005年,第157页.

2 卞向阳、崔荣荣、张竞琼,等,编著.从古到今的中国服饰文明[M].上海:东华大学出版社,2018年,第180页.

工具制作技术，这3枚骨针的出土，进一步证实了在旧石器时代晚期，人们已经普遍穿着手工缝制的衣服，而缝制兽皮用的线可能是将动物韧带劈开获得的丝筋或是用野生植物纤维搓成的细线。[1]

在距今约1万年前，中国早期人类进入了新石器时代，人类掌握了石器和陶器的制作工艺，骨针、骨锥等工具也已经得到普遍使用，人们开始利用缝纫工具缝制兽皮，制作较为贴合身形的兽皮衣物。约7000年前，中国母系氏族社会进入繁荣时期，人们不再只寻求大自然的赐予，开始从事农耕与畜牧，建造房屋，同时开始穿衣配饰。五六千年前纺线织布工具出现，人们开始将野生植物的麻纤维提取出来，经过沤麻、剥皮等工艺，用石纺轮或是陶纺轮捻成线，然后再纺织成更贴合人体的制衣材料——麻布。这时除了兽皮与麻布外，人类也开始有了毛织物、鸟羽织物，甚至是丝织品等，这些纺织物的出现标志着人类服饰发展史又进入了一个新的时期。

第一节　汉服的肇始：夏商周时期的服饰文化

一、上衣下裳的夏商周

在距今5000年左右，在华夏大地上，农业成了主要的社会劳动，手工业也开始获得了长足发展，产生了青铜冶炼、纺丝、琢玉、髹漆等手工业门类，并且技艺日益精湛，这为夏、商、西周时期服饰的发展奠定了较好的基础。

公元前21世纪左右，中原地区结束了原始氏族公社阶段，进入奴隶社会，出现了中国历史上第一个王朝——夏朝。而后，公元前16世纪商汤灭夏，建立了商王朝，进一步强化了阶级制度。西周时期，随着青铜器铸造技术的发展，中国开始进入奴隶制社会的鼎盛阶段，奴隶主可以任意交换奴隶，甚至活埋奴隶以使其殉葬。社会阶级的不同也反映在了服饰上。奴隶主的服饰质地优良，选料精美，

1　中国历史博物馆编.简明中国文物辞典[Z].福州：福建人民出版社，1991年，第14页.

色彩多样，以端庄与符合礼仪为特色。而奴隶的服饰却材质粗糙，色彩单一，多为了方便劳作而设计。

夏商周时期，上衣下裳形制和服章制度逐渐确立和完善。从夏朝起，王宫里就设有专门饲养蚕的女奴；商代在宫中设有制作服装的专职女官；周朝亦设司服一职。《周礼·春官·司服》记载，设司服一职乃为"掌王之吉凶衣服，辨其名物与其用事"[1]。到了西周，王宫里设有更庞大的服装生产机构，叫作"典妇坊"。说明在周朝，服饰制度已趋于完善，服饰制作的工艺也已逐渐成熟。

夏商周时期的政治制度与服饰制度息息相关，其中"内外服制度"就是以血缘宗族关系为主的夏商周三代时期所特有的政治制度。沈丽霞在《夏商周内外服制度研究》中讨论说："内外服制度的实质含义指的是一种指定服役制，是按照与时王的血缘宗族关系的亲疏来划分的一种政治结构。王畿内为内服，以时王同姓及异姓亲族为主；王畿外为外服，以与王血缘宗族关系较疏远的异姓诸邦方为主。夏商两代如此，而到了西周，由于周初便开始大批分封诸侯，内外服制与分封制相结合，因而在内外服的具体内容上较夏商有所不同。其内服，即以王畿内的王同姓及异姓亲族为主的畿内诸侯；而外服，则不再是由与时王没有血亲关系之异姓为主，而是以分封的大批的王同姓及异姓的诸侯国为主，同时并存着异族邦方，这两部分构成了西周的外服，即畿外诸侯。"[2]

而夏商周时期的社会等级秩序与该时期礼制思想又有不可分割的密切关系，无论是民间还是宫廷，所有人都必须尊崇礼制。礼制反映在服饰上则表现为不同社会等级地位的人要穿着不同的服饰，在不同的场合也要穿着不同的服饰。人们皆束发着冠，上衣下裳，腰间系带，还形成了以首服的样式、颜色区别各人的社会地位的服饰制度。

从安阳殷商墓出土的随葬俑的外观特征来看，殷商时期的服饰式样拥有以下特征。

1　崔记维校点.周礼[M].沈阳：辽宁教育出版社，2000年，第47页.

2　沈丽霞.夏商周内外服制度研究[D].石家庄：河北师范大学，2006年.

第一，袖小而衣长不到足，头发剪齐到颈后，同时又似有头发被编成辫子之后再盘到头顶。

第二，后裙下垂齐足，前衣较短，饰有蔽膝，头上戴尖角帽或裹巾子。

第三，短衣齐膝，全身衣服有不同的纹饰，领袖间勾边，平箍帽子或那宽宽的腰间大带都可能是由织物做成，带提花，是权贵者衣着式样的标志。

由此看来，长袍大袖在商代并不同于后世那样是贵族的象征，而华贵的短衣才是贵族们的常服。这一点，是与传说中的神农、后稷、夏、禹的形象及在汉代武氏祠石刻中古人的形象是一致的。所以说，短衣是华夏民族服饰固有的式样，从春秋以后，长袍大袖的出现和流行，是吸收了其他民族服饰的结果。[1]

二、服装样式

从现存史料中总结，夏商周的代表性服饰可分为以下几种。

（一）冕服

冕服也称冠服、章服，是一种礼服。主要由冕冠、十二章纹、上衣、下裳、蔽膝、舄和其他配饰组成。

冕服的制度始于夏，到了周代已逐渐得到完善。《周礼·春官·司服》记载："祀昊天上帝，则服大裘而冕，祀五帝亦如之；享先王，则衮冕；享先公，飨射，则鷩冕；祀四望山川，则毳冕；祭社稷、五祀，则希冕；祭群小祀，则玄冕。"[2] 这表明周代帝王在进行各种祭祀活动时，要根据典礼活动的规模，分别穿六种不同形制的冕服。周代天子可穿的冕服有六种：大裘冕、衮冕、鷩冕、毳冕、缔冕、玄冕。《周礼·春官·司服》又云："公之服，自衮冕而下，如王之服。侯伯之服，自鷩冕而下，如公之服。子男之服，自毳冕而下，如侯伯之服。孤之服，自希冕而下，如子男之服。卿大夫之服，自玄冕而下，如孤之服。"[3] 此段表明，不同级别的人需根

1　艺术研究中心.中国服饰鉴赏 [M].北京：人民邮电出版社，2016 年，第 73 页.

2　崔记维校点.周礼 [M].沈阳：辽宁教育出版社，2000 年，第 47 页.

3　崔记维校点.周礼 [M].沈阳：辽宁教育出版社，2000 年，第 47 页.

据不同场合穿着自己特定级别的冕服。公所着最高级别的冕服为衮冕；侯、伯所着最高级别的冕服为鷩冕；子、男所着最高级别的冕服为毳冕；孤所着最高级别的冕服为绛冕；卿、大夫所着最高级别的冕服为玄冕。

1. 冕冠

冕冠，又称为冕，《礼记·玉藻》有言曰："天子玉藻，十有二旒，前后邃延，龙卷以祭。"[1] 由此可见，冕冠主要由冠部、卷部与饰部组成。

2. 十二章纹

十二章纹是冕服上的纹饰，包括日、月、星辰、山、龙、华虫、宗彝、藻、火、粉米、黼、黻，每一种意象都有独特的意义，合起来象征着世界的秩序。

3. 上衣下裳

上衣下裳据说是效仿天地和乾坤而制成。《周易·系辞下》载："黄帝尧、舜垂衣裳而天下治，盖取诸乾坤。"[2] 衣就像是乾，覆盖身体；裳就像是坤，含纳身体。上衣下裳是帝王冕服的基本形态，体现了对秩序的追求。

4. 蔽膝

蔽膝，礼服上的饰物，多用双层长方形丝绸面料制作，有纹绣，系在前腰，从腹部垂至膝下，所以叫作蔽膝。其可能源于早期人类用兽皮、草叶遮盖生殖器的行为，后来演变成贵族地位身份的象征。

5. 舄

舄，一种鞋子。用木和皮相夹作为双层鞋底，鞋底较厚，鞋面多用兽皮。在隆重典礼时穿纁[3]舄，与下裳同色，后也成为冕服的重要组成部分。

（二）弁服

弁服为上下分离式套装，上无纹饰与图案。在古代服饰礼制中为仅次于冕服的一种礼服，相传为夏禹所创，为贵族男子的服装。一般在田猎、出征及日常朝

1　冯国超主编.礼记[M].长春：吉林人民出版社，2005年，第205页.
2　朱安群，徐奔.周易[M].青岛：青岛出版社，2011年，第215页.
3　纁，黄而兼赤，像落日余晖一般的浅黄红色。

政时穿着。周代弁服主要分为四种，爵弁、皮弁、韦弁与冠弁。

1.爵弁

爵弁，又称委貌冠。在《仪礼·士冠礼》中载："爵弁，服纁裳、纯衣、缁带、韎韐。"郑玄注："爵者，冕之次，其色赤而微黑，如爵头然，或谓緅。"贾公彦疏："凡冕以木为体，长尺六寸，广八寸。绩麻三十升布，上以玄，下以纁。"[1]由此可见，爵弁是士的最高级别的服饰。爵弁以细布或丝绸制成，形制类冕，但其延不像冕一般前低后高，前后垂旒，也无章纹，佩戴者须穿纯衣（丝衣），下着纁裳。

关于爵弁的功用，《礼记·杂记》载道："大夫冕而祭于公，弁而祭于己。士弁而祭于公，冠而祭于己。"郑玄注："弁，爵弁也。冠，玄冠也。祭于公，助君祭也。"孔疏云："'弁而祭于己者'，弁，爵弁也。祭于己，自祭庙也。助祭为尊，故服绨冕。自祭为卑，故服爵弁……'士弁而祭于公，冠而祭于己'者，弁谓爵弁也。士以爵弁为上，故用助祭也。冠玄冠为卑也，自祭不敢同助君之服，故用玄冠也。"[2]可见，爵弁是参加祭祀和各种典礼的服装。由于地位等级的不同，大夫私祭时穿爵弁，公祭时则穿冕服；士私祭时穿玄冠，在公祭时穿爵弁。

2.皮弁

《释名·释首饰》云："弁，如两手相合抃时也……以鹿皮为之，谓之皮弁。"[3]《仪礼·士冠礼》载："皮弁服，素积，缁带，素韠。"[4]《后汉书·舆服志》曰："委貌冠、皮弁冠同制，长七寸，高四寸，制如覆杯，前高广，后卑锐……委貌以皂绢为之，皮弁以鹿皮为之。"[5]《周礼·夏官·弁师》云："王之皮弁，会五采玉璂。"[6]皮弁多由鹿皮制成，以多块上端尖窄、下端宽延的鹿皮缝合而成，这些鹿皮缝合之处，叫作"会"，"会五采玉璂"是指在会处用五彩玉来装饰。戴皮弁者需着白衣素裳。

---

1 崔记维.仪礼[M].沈阳:辽宁教育出版社,2000年,第1页.

2 冯国超主编.礼记[M].长春:吉林人民出版社,2005年,第273页.

3 王国珍.《释名》语源疏证[M].上海:上海辞书出版社,2009年,第159-160页.

4 崔记维.仪礼[M].沈阳:辽宁教育出版社,2000年,第1页.

5 章惠康,易孟醇主编.《后汉书》今注今译(下)[M].长沙:岳麓书社,1998年,第2923页.

6 崔记维校点.周礼[M].沈阳:辽宁教育出版社,2000年,第69页.

关于皮弁的功用，《周礼·春官·司服》载："视朝，则皮弁服。"[1] 可见，皮弁是在皇帝临朝听政的时候穿着的。而据《仪礼·聘礼》所书："公皮弁迎宾于大门内。"郑玄注："服皮弁者，朝聘主相尊敬也。"[2] 可见，诸侯之间相互聘问的时候也可以穿皮弁。

3. 韦弁

《释名·释首饰》云："弁，如两手相合抃时也。以靺韦为之，谓之韦弁也。"[3]

《周礼·春官·司服》载："凡兵事，韦弁服。"贾公彦释："以兵事有侵战伐围入灭，非一，故云'凡'。云'韦弁服'者，以韦为冕，又以为服，故云韦弁服。"又郑玄注："以靺韦为弁，又以为衣裳。"孙诒让疏云："此韦弁服，即染熟皮为红色，以为弁及衣裳。"[4] 可见，韦弁是兵事之服，且上衣下裳皆为红色。

但《仪礼·聘礼》中有此记载："君使卿韦弁，归饔饩五牢。""下大夫韦弁，用束帛致之。上介韦弁以受，如宾礼。"[5] 郑玄又在《周礼·春官·司服》中释云："韦弁，靺韦之弁，盖靺布为衣，而素裳与此又不同者。彼非兵事入庙，不可纯如兵服，故疑用靺布为衣也。言素裳者，亦从白屦为正也。以其屦从裳色，天子诸侯白舄，大夫、士白屦，皆施于皮弁故也。"[6] 可见韦弁服并不仅仅用于兵事活动，还可用于诸侯间聘问。由于下聘非兵事活动，而是贵族之间的高级会见礼，故不能再如进行兵事活动时一般上衣下裳皆红色，乃是与屦同色，采用素裳。

4. 冠弁

《周礼·春官·司服》载："凡甸冠弁服。"郑注云："甸，田猎也。冠弁，委貌，其服缁布衣，亦积素以为裳，诸侯以为视朝之服。"释云："云'冠弁，委貌'者，《士冠礼》及《郊特牲》皆云'委貌，周道'。郑注《士冠》云：'委犹安也，言所以

1　崔记维校点.周礼[M].沈阳：辽宁教育出版社，2000年，第47页.

2　崔记维.仪礼[M].沈阳：辽宁教育出版社，2000年，第61页.

3　王国珍.《释名》语源疏证[M].上海：上海辞书出版社，2009年，第159—160页.

4　崔记维校点.周礼[M].沈阳：辽宁教育出版社，2000年，第47页.

5　崔记维校点.周礼[M].沈阳：辽宁教育出版社，2000年，第63—64页.

6　崔记维校点.周礼[M].沈阳：辽宁教育出版社，2000年，第47页.

安正容貌。'故云委貌。若以色言，则曰玄冠也。云'其服缁布衣，亦积素以为裳'者，《士冠礼》云'主人玄冠朝服，缁带素韠'，注云：'衣不言色者，衣与冠同。'裳又与韠同色，是其朝服缁布衣，亦如皮弁积素以为裳也。"[1]

由此段可见，冠弁其实就是在田猎的玄冠上加弁而得名，这里的弁是指皮制冠。且，冠弁是由细布制成，上衣为与冠同色的玄色（青黑色），下裳则为素裳，与韠同色。

（三）王后六服

《周礼·天官·内司服》载："内司服掌王后之六服：袆衣、揄狄、阙狄、鞠衣、展衣、缘衣、素沙。"[2]内司服是掌管王后服饰的官员。周代王后的礼服有六种规格，与王的礼服相配，其中玄色袆衣最为隆重。

1.袆衣

袆衣，是王后最华丽的祭服，是跟从天子祭祀先王时所穿的衣服。袆衣色玄，和青天的颜色一样，在衣服上缀有彩画而成的翚雉作为装饰。

2.揄狄

揄狄，也叫褕翟，是王后跟从天子祭祀先公时所穿着的衣服。其色青，衣服上缀有彩画而成的摇雉作为装饰。

3.阙狄

阙狄，是王后跟从天子进行群小祀[3]时所穿的祭服。赤色，衣服上缀有缯做成的、没有文采的雉鸟作为装饰。

4.鞠衣

鞠衣，是王后在养蚕季节到来时，用以向天神祈求福祥时所穿的服装。《礼记·月令》云："是月也，天子乃荐鞠衣于先帝。"[4]其色黄绿，如初生的桑叶。

1　崔记维校点.周礼[M].沈阳:辽宁教育出版社,2000年,第47页.

2　崔记维校点.周礼[M].沈阳:辽宁教育出版社,2000年,第17页.

3　群小祀,指古代祭祀山林、川泽、土地之神.

4　冯国超主编.礼记[M].长春:吉林人民出版社,2005年,第113页.

5. 展衣

展衣，又叫作袒衣，是王后礼见帝王、宾客时穿着的衣服，为白色。

6. 缘衣

缘衣，也叫作褖衣，是六服中的最末一等。王后被王所御幸或闲处的时候穿的衣服，相当于男子服饰中的玄端，玄端颜色近玄色，故而缘衣也为玄色。

（四）其他服装

1. 玄端

玄端是帝王的日常服，诸侯、士大夫的通用礼服。与冕服和爵弁相比，既可以作为士的私祭礼服，又可以作为天子和诸侯的燕居。玄端既没有纹饰，也非丝织品，正幅正裁，因为其端庄方正，故名玄端。玄端的衣袂和衣长皆为 2.2 尺[1]，因此必须靠颜色来区分着装者的身份等级。因为早上入庙礼仪更为庄重，故周代男子早上身着玄端，晚上着深衣。叩拜父母也穿玄端。[2]

2. 深衣

深衣也称"绕襟衣"，是起源于西周，流行于东周的一种具有代表性的服饰（见表1.1）。深衣是上衣和下裳连接在一起的曲裾袍服，即将左衣襟前后片缝合，后片加长，使其成为一个三角形，穿着时，将左衣襟向右掩，绕一圈，再用腰带系扎。深衣的形制适宜于内衣尚不完备、还没有桌椅，人们只能席地而坐的时期。深衣是君王、诸侯、文臣武将、士大夫都能穿着的，亦不分男女。深衣也属于礼服中的第二等，是庶人的吉服。

表1.1 《礼记》中深衣的结构剖析[3]

结构	《礼记·深衣》篇原文	在深衣裁剪中的解释
深衣的整体长度	短毋见肤，长毋被土。	深衣的整体长度为，短不会露出身体的皮肤，长不会拖到地面上。

1　据武汉大学发布的数据，1周尺=20.48厘米，1周寸=2.048厘米。
2　李娟.论周代服饰颜色等级制度及其成因[J].黑龙江工业学院学报（综合版），2017, 17（9）：30-34.
3　石凝智.深衣结构研究[D].武汉：武汉纺织大学，2017年.

续表

结构	《礼记·深衣》篇原文	在深衣裁剪中的解释
衽	续衽钩边。	裳的两旁都有宽大的余幅作衽，穿着时前后两衽交叠。在领口、袖口等主要部位镶一道厚实的锦边，以便衬出服装的骨架。[1]
深衣腰围和下裳底摆长度的比例关系	要缝半下。	深衣的腰围是下裳长度的一半。
深衣的袖窿深	袼之高下，可以运肘。	衣袖腋下与衣身的缝合处的宽度，必须可以使胳膊肘运转。
深衣的袖肥	袂之长短，反诎之及肘。	深衣袖子的长度，应该是由袖口反折上来，袖口刚好可以到达手肘的部位。
深衣束带的位置	带，下毋厌髀，上毋厌胁，当无骨者。	深衣束带的位置，向下不要压住大腿的骨头，向上不要压住肋骨，要正好束在腰中没有骨头的地方。
下裳的布幅	制：十有二幅，以应十有二月。	下裳裁制用 12 幅布，这是为了与一年有 12 个月相呼应。
深衣的袖形	袂圜以应规。	此处规定深衣的袖形应当是圆形，以此来与圆规相呼应。
深衣的领子	曲袷如矩以应方。	深衣的领子应当像画直角或方形用的角尺，以与方正相应。
规定深衣的背中线及下裳底摆线	负绳及踝以应直，下齐如权、衡以应平。	衣背的后中缝线直到脚后跟，应该是一条垂直的线，以此来与垂直相应；深衣下裳的底摆线应该齐平，就像锤和秤杆一样，以此来与水平相应。
深衣各部位的象征意义	故规者，行举手以为容；负绳、抱方者，以直其政，方其义也。	袖子像圆规，象征着举手行揖时礼让的姿态；背缝线垂直、领子成方形，这两处象征着政教不偏，公正，遵义礼。
深衣的镶边规定	具父母、大父母，衣纯以缋。具父母，衣纯以青。如孤子，衣纯以素。	如果祖父母、父母都还在世，那么深衣就镶带花纹的边。如果只是父母还健在，深衣就镶青色的边。如果是 29 岁以下就丧父的人，深衣就只能镶白色的边。
深衣镶边的尺寸	纯袂、缘、纯边，广各寸半。	在袖口、衣襟侧边和下裳的底摆，各镶 1 寸半的边。

---

1 戴钦祥,陆钦,李亚麟.中国古代服饰[M].北京：商务印书馆,1998 年,第 31 页.

3. 袍服

袍是上衣和下裳连接在一起的长衣，秋冬季节穿着，其有夹层，夹层中装有絮。如果夹层中所装的是新絮，就称为"茧"；如果夹层中装的是劣质或多次使用的絮、碎麻，则称为"缊"。西周早期，袍服不做礼服用，而是人们日常生活中为御寒所穿的常服便装，行军作战时，也可穿着袍服来抵御严寒。《诗·秦风·无衣》曰："岂曰无衣，与子同袍。"[1] 这首诗歌就是描写军队在冰雪严寒、物资储备不足的冬天，一同披着袍服取暖。

4. 中单

中单又称"中衣"，古注"禅衣"。《释名·释衣服》说："中衣，言小衣之外，大衣之中也。"[2] 中单是着在冕服等礼服内的单衣，由麻与素纱制成。《隋书·礼仪志》记载："卿以下祭服，里有中衣，即今之中单也。"[3]

5. 襦、裙、袴

襦是短衣、短袄的总称，"袍式之短者为襦"，可见襦比袍要短一些，一般长不过膝。襦可分为单襦与复襦，二者的区别在于是否填里：夹层内填了棉絮或麻的叫作复襦；没有夹层与填充物的叫作单襦。周代王公贵族所穿着的衣裳，一般都是由上好的丝绸所制作的，平民百姓则只能穿着以兽毛裁切缝制或葛麻搓捻成线编织而成的褐衣。

裙，常与襦相配。襦裙，就是由短衣与长裙组合而成的搭配。《释名·释衣服》说："裙，群也，连接群幅也。"[4] 裙是最古老的服装之一，在没有纺织物被制成之前，先民们用兽皮、树皮、树叶制成最早的裙子雏形，裙是先民们把许多片树叶和兽皮通过各种手法连接起来所形成的服装。

"袴"是古代对裤子的称谓。袴与今天的裤子并不完全相同，袴的裆部位置不缝合。《小尔雅·广服》载："袴，谓之裳。"《释名·释衣服》载："绔，跨也，两股各

1　陈节注详.诗经[M].广州：花城出版社，2000 年，第 170 页.

2　王国珍.《释名》语源疏证[M].上海：上海辞书出版社，2009 年，第 177 页.

3　魏徵，令狐德.隋书[M].北京：中华书局，1973 年，第 216 页.

4　王国珍.《释名》语源疏证[M].上海：上海辞书出版社，2009 年，第 178 页.

跨别也。"[1] 这些史料都能说明早期的裤子没有裆，只有两条裤腿，将两条裤腿套在腿上，将裤腿最上端的丝绳系在腰间以固定。

第二节　丝绸走西域，高级面料流向民间：秦汉时期的服饰文化

一、文化背景与服饰特点

公元前 3 世纪，秦始皇嬴政一统天下，社会性质的变更，不同民族之间的文化交融，都使得秦朝的服饰得到了进一步的发展。汉朝以后，开辟了沟通中原与中亚、西亚文化、经济的大道——丝绸之路，各国之间加强了经济往来与文化交流，更使得汉朝的服饰走向繁荣。

秦代开始，为了巩固统一的秦朝帝国，秦始皇创立和改进了各项制度，其中也包括衣冠服饰制度。虽然秦国的文化在一定程度上受周王朝的影响，服饰与《周礼》记载的相近，但也形成了自己独特的风格与文化。秦始皇废除周代六冕服装制度，采用通天冠作为常服，百官戴高山冠、梁冠、法冠和武冠等，穿袍服，腰间佩绶。[2]

汉代服饰在很大程度上承袭了秦代的样式，后经济进一步发展，农业更加繁荣，这刺激了染织、刺绣、金属等工艺的发展，于是服饰也逐渐由俭转奢，京师贵胄的穿着打扮甚至逐渐超过了王制，本来只能专属于宫廷的珍贵服装面料，也逐渐被富商们所拥有。

二、服饰样式

（一）首服

首服，也称冠、头衣，包括冕、冠、弁、帻等。首服在中国古代服饰制度中

1　杨琳.《小尔雅》今注 [M]. 上海：汉语大词典出版社，2002 年，第 195 页.
2　王鸣.中国服装简史 [M]. 上海：东方出版中心，2018 年，第 41 页.

占据着非常重要的地位，《通典》有言："冠者表成人之容，正尊卑之序。"[1]秦汉时期的官僚服饰制度就是利用首服来区分等级地位的，冠是贵族才能穿戴的首服，而平民百姓只能戴头巾或头帻。秦汉诸冠中：一部分是在秦统一六国之前，六国旧有的冠形，宋代徐天麟著的《东汉会要》卷十记载秦朝一统六国，秦始皇将各国的首服"收而用之，上以供至尊，下以赐百官"[2]；另一部分则是重新创造的冠型。

根据《后汉书·舆服志》的记载，汉朝的冠帽主要有冕冠、长冠、委貌冠、通天冠、远游冠、高山冠、进贤冠、法冠、武冠、建华冠、方山冠、巧士冠、却非冠、却敌冠、樊哙冠、术氏冠等多种形制。[3]

1. 长冠

《后汉书·舆服志》载："长冠，一曰斋冠，高七寸，广三寸，促漆纚为之，制如板，以竹为里。初，高祖微时，以竹皮为之，谓之刘氏冠，楚冠制也。民谓之鹊尾冠……此冠高祖所造，故以为祭服，尊敬之至也。"[4]由此可知，长冠又叫作斋冠，因为长冠是祭祀前斋时所穿戴的首服。因为"以竹为里"，又称"竹皮冠"。

《汉书》卷一上"高帝纪"云："高祖为亭长，乃吕竹皮为冠，令求盗之薛治，时时冠之，及贵常冠，所谓'刘氏冠'也。"后汉应劭注曰："以竹始皮作冠，今鹊尾冠是也。"[5]因此汉高祖刘邦仿照楚冠制所创之冠，又称"刘氏冠"。因其外形酷似鹊尾，民间又俗称"鹊尾冠"。

在湖南长沙马王堆汉墓出土的着衣木俑中，有头戴竹板状首服者。其冠前部似板，扁平直立，冠板上刻有凹槽。此外，湖南长沙马王堆一号汉墓出土的T形帛画上，也有多位头戴长冠的人物形象。

汉高祖刘邦十分喜爱长冠，汉初，就把长冠定为祭祀大典上通用的首服。刘邦不仅在任亭长、身份卑微时常常佩戴，成为天子后仍然对此冠钟爱有加，在非

1　杜佑.通典（上）[M].长沙：岳麓书社，1995年，第823页.

2　徐天麟.东汉会要[M].北京：中华书局，1955年，第97页.

3　章惠康，易孟醇主编.《后汉书》今注今译（下）[M].长沙：岳麓书社，1998年，第2920页.

4　章惠康，易孟醇主编.《后汉书》今注今译（下）[M].长沙：岳麓书社，1998年，第2922页.

5　班固.汉书[M].北京：中华书局，1962年，第6页.

祭祀与典礼的日常生活中也要佩戴此冠。《汉书》卷一上"高帝纪"颜师古注"爱珍此冠，休息之暇则冠之"[1]。

高帝八年（约公元前199年），刘邦对长冠的佩戴者加以限制，下诏明确规定"爵非公乘以上毋得冠刘氏冠"[2]。西汉在制度上继承了秦朝商鞅变法后确立的二十等军功爵制，"公乘"即秦汉时期在民爵与吏爵之间起到分割作用的爵位。因此，佩戴长冠就成为官吏身份的象征。

2. 委貌冠

委貌冠，又称"玄冠"，以玄色皂绢为冠衣。《仪礼·士冠礼》载："委貌，周道也。"郑玄注："委，犹安也，言所以安正容貌。"[3]《后汉书·舆服志》载："委貌冠、皮弁冠同制，长七寸，高四寸，制如覆杯，前高广，后卑锐，所谓夏之毋追，殷之章甫者也。委貌以皂绢为之，皮弁以鹿皮为之。"[4]由"委貌冠、皮弁冠同制"可知，委貌冠和皮弁冠应是同一种形制，且皆"制如覆杯"，只是委貌冠以皂绢制成，皮弁冠以鹿皮制成。

3. 通天冠

《后汉书·舆服志》载："通天冠，高九寸，正竖，顶少邪却，乃直下为铁卷梁，前有山，展筒为述，乘舆所常服。"[5]汉代百官于正月朝贺时，天子戴通天冠。

4. 远游冠

《后汉书·舆服志》载："制如通天，有展筒横之于前，无山述，诸王所服也。"[6]有五时服备为常用，即春青、夏朱、季夏黄、秋白、冬黑。西汉时为四时服，春青，夏赤、秋黄、冬皂。[7]

---

1 班固.汉书[M].北京:中华书局,1962年,第6页.

2 班固.汉书[M].北京:中华书局,1962年,第6页.

3 崔记维校点.周礼[M].沈阳:辽宁教育出版社,2000年,第5页.

4 章惠康,易孟醇主编.《后汉书》今注今译（下）[M].长沙:岳麓书社,1998年,第2923页.

5 章惠康,易孟醇主编.《后汉书》今注今译（下）[M].长沙:岳麓书社,1998年,第2923页.

6 章惠康,易孟醇主编.《后汉书》今注今译（下）[M].长沙:岳麓书社,1998年,第2924页.

7 陈娟娟,黄能福.服饰志[M].上海:上海人民出版社,1998年,第148页.

5.高山冠

高山冠，亦称"侧注冠"。《后汉书·舆服志》载："制如通天，不邪却，直竖，无山述展筒，中外官、谒者、仆射所服。太傅胡广说曰：'高山冠，盖齐王冠也。秦灭齐，以其君冠赐近臣谒者服之。'"[1]《隋书·礼仪志》载："高山冠，一名侧注……高山者……取其矜庄宾远者也。"[2]高山冠最开始为战国时期齐国君主所用，秦始皇统一六国之后将此冠赐给中外官、谒者、仆射等近臣。由于诸王在秦汉时期享受着仅次于君主的待遇，所以高山冠形状大体和通天冠相似，只是没有山述和展筒。

6.进贤冠

《后汉书·舆服志》载："进贤冠，古缁布冠也，文儒者之服也。前高七寸，后高三寸，长八寸。公侯三梁，中二千石以下至博士两梁，自博士以下至小史私学弟子，皆一梁。宗室刘氏亦两梁冠，示加服也。"[3]进贤冠为文儒所佩戴的冠，冠体用铁丝、细纱制成。冠上缀梁，以梁的数目来区分等级贵贱，公侯三梁，中二千石以下至博士二梁，博士以下一梁，宗室和刘氏两梁。

7.法冠

法冠，也称"柱后"。《后汉书·舆服志》载："高五寸，以缅为展筒，铁柱卷，执法者服之，侍御史、廷尉正监平也。或谓之獬豸冠。獬豸神羊，能别曲直，楚王尝获之，故以为冠。胡广说曰：'《春秋左氏传》有南冠而絷者，则楚冠也。秦灭楚，以其君服赐执法近臣御史服之。'"[4]獬豸，是传说中的神羊，善于分辨是非。传说中楚王曾经获得过獬豸，制成獬豸冠。秦国灭楚后，秦王将獬豸冠赐予执法近臣，汉代沿用其为御史常服。

8.武冠

《后汉书·舆服志》载："武冠，一曰武弁大冠，诸武官冠之。侍中、中常侍加

1　章惠康，易孟醇主编.《后汉书》今注今译（下）[M].长沙：岳麓书社，1998年，第2924页

2　魏徵，令狐德.隋书[M].北京：中华书局，1973年，第216页.

3　章惠康，易孟醇主编.《后汉书》今注今译（下）[M].长沙：岳麓书社，1998年，第2924页.

4　章惠康，易孟醇主编.《后汉书》今注今译（下）[M].长沙：岳麓书社，1998年，第2924页.

黄金珰，附蝉为文，貂尾为饰，谓之'赵惠文冠'。胡广说曰：'赵武灵王效胡服，以王珰饰首，前插貂尾，为贵职。秦灭赵，以其君冠赐近臣。'建武时，匈奴内属，世祖赐南单于衣服，以中常侍惠文冠，中黄门童子佩刀云。"又云："武冠，俗谓之大冠，环缨无蕤，以青系为绲，加双鹖尾，竖左右，为鹖冠云。五官、左右虎贲、羽林、五中郎将、羽林左右监皆冠鹖冠，纱縠单衣。"[1]

武冠为武士与武官所戴的冠。秦汉时期武冠主要有两种。一种是用鹖的尾羽装饰在冠顶的鹖冠。鹖是一种类似雉鸡的鸟，好斗，争斗时必将对手斗死乃止。鹖的羽毛极为华丽，用鹖的羽毛装饰，象征武士勇猛作战，这样的冠也称"勇士冠"，多为武士所戴。另一种是武弁大冠，又名惠文冠，秦国灭赵国后，秦王以赵君之冠赐群臣，汉代沿用了此冠，称其武弁，又名大冠，为武官所佩戴的冠服。

9. 巾与帼

巾，起源于商周，即以三尺幅布裹头，是指男子所戴用来约发的头巾。在战国时男子用青巾裹头，被叫作"苍头"；秦代男子以黑巾裹头，被叫作"黔首"。佩戴巾冠也是男子成年的标志。头巾一般为庶民所佩戴，但在汉代末期，王公名士追逐风雅，争先佩戴头巾。

帼，是指女子所戴用来约发的头巾，"巾帼英雄"正被用以指代那些英雄女子。

10. 帻

最早武将们简单地把巾帕包在头上，后来用巾帕把前额围住，形成一个凸起的部分，此称为帻。汉代时，人们对它进行了进一步改进，增加了头顶上方盖住发髻的高顶，又增高了四周的围檐，形成了一个大体与帽子相似的式样。[2]

汉代男子20岁成人后，"卑贱执事不冠者"戴帻。执事，在汉代是指有职业之人。执事虽然身份地位不高，但比起平民百姓，等级还是要高出一些。据说西汉末年的王莽有秃头的症状，因此制作了帻来遮盖瑕疵，上行下效由此成为风气。

---

1 章惠康，易孟醇主编.《后汉书》今注今译（下）[M]. 长沙：岳麓书社，1998 年，第 2924–2925 页.
2 艺术研究中心. 中国服饰鉴赏 [M]. 北京：人民邮电出版社，2016 年.

（二）袍服

袍是长衣的一种统称。秦汉时期，人们的常服以袍服为主，穿着袍服源于先秦穿着深衣的制度。袍服在周早期时不是礼服，而是人们日常生活中为御寒所穿的常服便装，到了秦汉，袍服才开始作为官员朝会和见礼时穿着的礼服。汉代袍服多大袖，所谓"褒衣大招"，内穿肥裆大裤，衣袖由宽大的袖身"袂"和往上收的袖口"祛"组成，由袖身下垂逐渐上收连接袖口，成一条弓弧线，即所谓"胡状"，袍服里面衬以单衣。春秋战国时期的曲裾袍，西汉仍流行，到东汉时就只流行直裾袍了。[1]

1. 曲裾袍

曲裾袍，类似于战国时期的深衣，多见于汉朝初年。这种样式男女皆可穿着。衣长及地，不会露出鞋子。衣袖有宽有窄，袖口多加镶边。腰身缠紧，下摆呈喇叭状。交领前襟开得比较低，露出里面的衣服，有时露出的衣领多达三重以上，所以又叫"三重衣"。曲裾袍在西汉时作为礼服，受到当时民众的喜爱；东汉时期随着直裾袍的流行，穿着曲裾袍的人逐渐减少。[2]

2. 直裾袍

直裾袍又称"襜褕"或"襜襦"。《释名·释衣服》载："亦曰襜襦，言其襜襜宏裕也。"[3]直裾袍在西汉时出现，在东汉时盛行。在西汉时直裾袍不能作为正式礼服，只适用于其他场合，在东汉时才可作为礼服。《汉书·外戚恩泽侯表第六》记载道，汉武安侯田恬就曾因为"衣襜褕入宫"，被武帝视为"不敬"，而遭致免爵除国。"元光四年，侯恬嗣，五年。元朔三年，坐衣襜褕入宫，不敬，免。"[4]这是因为西汉时，里面所穿着的裤子没有裆，仅有两只裤管套在膝部，用带系于腰间，这就使得直裾服遮蔽不了下体隐私。后随着内衣的完善，裤子已经可以达到遮蔽隐私的

1　艺术研究中心.中国服饰鉴赏 [M].北京：人民邮电出版社，2016 年.
2　卜向阳，崔荣荣，张竞琼，等，编著.从古到今的中国服饰文明 [M].上海：东华大学出版社，2018 年，第 31 页.
3　王国珍.《释名》语源疏证 [M].上海：上海辞书出版社，2009 年，第 177 页.
4　班固.汉书 [M].杭州：浙江古籍出版社，2000 年，第 253 页.

效果，绕膝的曲裾就变得不那么必要了。于是东汉时期，因为直裾袍比曲裾袍穿着起来更加简便宽松，直裾袍逐渐流行，取代了曲裾袍的地位，深受大众喜爱。

（三）禅衣

"禅衣"，一种无衬里的单衣。《释名·释衣服》载："禅衣，言无里也。"[1] 可着在冕服等礼服内做衬，也可在炎热的夏季居家休闲时做燕居服穿着，通常由麻与素纱制成。

（四）官吏佩绶制度

先秦时期的男子所用的腰带，以皮革为主。到了汉代，职官品级，除了在冠巾、服装及腰带上显示之外，在配饰上也有体现。组、绶都是用丝带编成的饰物：组多用来系腰，实际上是一条较狭窄的丝绦；绶是一条较宽并织有丙丁纹的丝绦。绶带和官印一样，都由朝廷统一发放，因为是系在官印的纽上面，所以也称"印绶"或"玺绶"。汉代一官必有一印，一印则随一绶。佩绶成为汉代区分官阶的重要标志。[2]

《后汉书·舆服志》载："乘舆黄赤绶，四采，黄赤缥绀，淳黄圭，长二丈九尺九寸，五百首。诸侯王赤绶，四采，赤黄缥绀，淳赤圭，长二丈一尺，三百首。太皇太后、皇太后，其绶皆与乘舆同，皇后亦如之。长公主、天子贵人与诸侯王同绶者，加特也。诸国贵人、相国皆绿绶，三采，绿紫绀，淳绿圭，长二丈一尺，二百四十首。"[3]

从这段文字可以看出，因为身份地位、官位等级的不同，印的材质，以及绶的长短、颜色、织法，都有明显的不同。不同官位的绶有非常大的区别，这使人一看便知佩绶人的身份。

1　王国珍.《释名》语源疏证 [M].上海：上海辞书出版社，2009 年，第 176 页.

2　华梅.中国服装史 [M].北京：人民美术出版社，1999 年.

3　章惠康，易孟醇主编.《后汉书》今注今译（下）[M].长沙：岳麓书社，1998 年，第 2928 页.

第三节　胡汉交融：魏晋南北朝时期的服饰文化

一、文化背景

魏晋南北朝时期是中国历史上非常动荡不安的一个时期，政权的不断更迭，战争的频繁兴起，使得服饰样式受到了很大的冲击。并且在魏晋南北朝时期，各民族之间不断进行文化交流，中原贵族穿起了胡服，胡人也穿汉服。杨衒之的《洛阳伽蓝记》记载，北魏时期的情况是："自葱岭（帕米尔高原）以西，至于大秦（罗马），百国千城，莫不款附，商胡贩客，日奔塞下……乐中国土风，因而宅者，不可胜数。是以附化之民，万有余家。"可见当时社会处在一个汉族文化与其他族群文化互相影响的时期。

二、服饰特点

北魏初期的服饰制度依旧大部分沿用秦汉时期的旧制，北魏孝文帝拓跋宏继位后开始了改革（俗称"孝文汉化"），改革措施包括恢复汉族礼乐制度，并命全国人民身着汉服。这种汉化政策给当时的服装制度带来了很大的冲击，加强了各民族之间的文化交流与融合。但鲜卑族的部分百姓因工作或生活原因，不习惯穿着汉族的服饰，仍旧喜欢自己的民族服饰。比起宽松大袖的汉族服饰，鲜卑族传统的紧身衣、连裆裤更适用于生活劳作。孝文帝推崇的服饰汉化并未使得鲜卑族人全部穿着汉服，反而让这种紧身连裆小袖的胡服在汉族人民中日渐流行起来。

魏晋南北朝时期，玄学成为那个时代的主要哲学思想，意识形态也在极大程度上影响了当时的服饰。玄学人士都好谈辩，崇尚清谈风气，且不拘礼法，极具个性，这使得人们在一定程度上摆脱了以前在儒家文化渲染下的封建王朝的种种礼法束缚。文人们都不提倡身着华服，都喜好穿着简单飘逸的服装。而世家大族则极度崇尚奢华精致，故魏晋南北朝时期的服饰呈现了一种各放异彩又与相融合的特点。

三、服饰样式

（一）首服

首先，由于受到道教和玄学的影响，人们多追求仙骨洒脱的风范，小冠和巾类首服在士人阶层形成风尚。其次，帽的使用得到了社会的认可。帢、帽、幍等带有汉族文化特征的帽类首服在便服中被广泛使用。最后，由于民族迁徙，少数民族所使用的风帽式样的首服不仅被广泛使用，还在形制上影响了幞头的形成。[1]

1.冠

（1）小冠。也称束髻冠，通常用皮制成，比巾的后部要高，中呈平形，体积缩小至顶，佩戴时正束在发髻上，以簪贯之。最早被官吏们当作燕居时所佩戴的冠，后来被用于礼见宾客，再后来渐渐发展为不分身份地位等级的所有男子皆可佩戴的冠。

（2）漆纱笼冠。《隋书·礼仪志六》载："武冠，一名武弁，一名大冠，一名繁冠，一名建冠，今人名曰笼冠，即古惠文冠也。"[2]可见笼冠源于战国时期惠文王之冠。惠文王之冠到了汉代时期发展为武冠，到了魏晋又发展为笼冠。漆纱笼冠是在小冠的基础上，用轻薄的黑漆细纱制成的一种首服，佩戴时高高立起，两侧有护耳，护耳结带系在颏下，在魏晋时期一度风靡，男女文官通用。

2.帽

（1）白纱高顶帽。也叫白纱高屋帽、白高帽、白帽、白冠等，是南朝以后帝王们喜爱佩戴的礼帽，多为参加私宴等场合时戴用，形状如同菱角。

（2）帢。魏晋时期，中原更习惯将帽称为"帢""帽""幍"。帢、帽、幍皆为帽的不同叫法。帢是魏晋时期士人们经常佩戴的便帽，与皮弁同形，形同覆杯，用缣帛缝制，分单、夹两种。帢相传由魏武帝曹操所创，曹操不满当时人们普遍戴幅巾的现象，认为以幅巾为首服在重要的场合中显得不够庄重，所以想要恢复

1　贾玺增.中国古代首服研究[D].上海：东华大学，2007年.

2　魏徵，令狐德.隋书[M].长春：吉林人民出版社，1995年，第145页.

古时的皮弁制度。但因为当时正处在战争时期，资财匮乏，故只能以布帛仿制皮弁，用颜色区别尊卑贵贱。

（3）突骑帽。突骑帽是南北朝时期官吏中流行佩戴的便帽，北方居民更加偏爱之。突骑帽采用质地厚实的锦、毡及皮毛制作而成，帽后缀帔，佩戴好后帔覆首垂下至背。据记载，魏文帝脖子上有瘤疾，为不让人见，也常戴此帽以遮蔽。

3. 巾

魏晋时期，文人们追求洒脱飘逸的着装效果，巾柔软飘逸，更符合这种审美风格，因此在士人中很受欢迎，亦成为贵族阶层的常服。魏晋时期的头巾选用的材料特别丰富，有葛、縑、縠、鸟羽等，且款式多样。

（1）幅巾。魏晋南北朝时男子普遍佩戴的一种头巾，因用整幅布料裹头，所以被称为幅巾。早期这种幅巾是平民百姓才会佩戴的，到了魏晋时期，王公贵族也多喜爱佩戴此巾。在砖画《竹林七贤与荣启期》中，山涛、阮咸皆头戴幅巾。

（2）葛巾，是由葛布做的巾子，是最为常见的巾子，用来固定和扎住头顶的发髻，有两条明显的垂带垂在身后。在砖画《竹林七贤与荣启期》中，阮籍、向秀皆头戴葛巾。

（二）其他服饰

1. 杂裾垂髾服

魏晋时期，随着东汉礼教伦常观念的逐步瓦解，贵族女性们不再遵从传统社会压在女子身上的义务和职责，她们开始追求自由享受的生活方式，并且积极投身于艺术、文学与玄学研究。正是这种开放大胆、追求自我的态度，使得魏晋时期女子服饰以非常快的速度向华丽、飘逸的方向发展。广袖长裙，飘带长垂，裙袂飘飘，成了魏晋女子们追求的时尚搭配。

魏晋南北朝时期的衣服潮流与汉代时期相比已经有了很大的变化，其中最为突出的就是，以"纤髾"来装饰服装。那种被固定在衣服裙摆部位的饰品就叫"纤"。"纤"是由丝织品构成的，其形状是一种如倒三角形的下尖上宽形。在走起路来的时候，裙带会飘得很长，犹如仙女一样。到了南北朝时期，这种服饰形式发生了一些变化，把尖角形的"燕尾做得更长了，舍去了那拖得很长的裙带，将两者二合一，就构成了杂裾垂髾服"。[1] 东晋顾恺之的《洛神赋图》中，洛神就是身着杂裾垂髾服（见图1.1）。

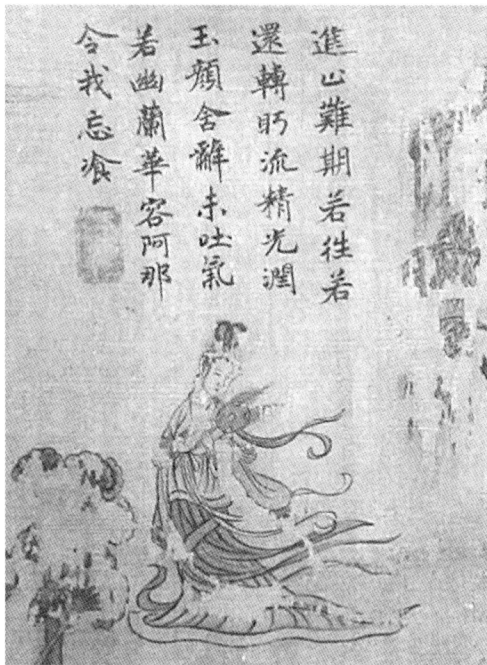

图1.1　辽宁省博物馆藏《洛神赋图》局部

2. 大袖衫

魏晋时期，服装越发地宽松舒适。人们改变了在袍服外层还要罩以衣裳的习惯，直接以衫作为外服。衫与袍一样，有单、夹两种制式。但衫的形制与秦汉时的袍服不同，衫不拘于衣祛的约束，袖口十分宽大，多用纱、丝织品、布等作为材料。上至王公贵族、下至平民百姓都喜爱穿着袖口宽大且飘逸的交领直襟衫。[2]

1　辜国娟. 魏晋南北朝服饰美学研究 [D]. 成都: 四川师范大学, 2013 年.

2　戴钦祥, 陆钦, 李亚麟. 中国古代服饰 [M]. 北京: 商务印书馆, 1998 年, 第 55 页.

这种看似毫无礼法、简单粗犷的大袖宽衫之所以会受到上下各个阶层人们的喜爱，按照鲁迅先生在《魏晋风度及文章与药及酒之关系》中的说法，是因为当时的名士喜欢服用五石散：一方面，服用五石散之后全身发热，不仅要吃冷食，还要行走散热，所以衣服不能穿得厚重；另一方面，服散后皮肤变得脆弱，特别容易磨损，故而衣服只能选择柔软的面料。因此服五石散的贵族大多宽衣博袖，显得高迈飘逸。其他阶层的人纷纷效仿，宽衣博袖成为服饰的时代特色（见图 1.2）。[1]

图1.2 辽宁省博物馆藏《洛神赋图》局部

3.半袖衫

南北朝时期流行一种短袖衣衫，衣袖为半袖，手臂裸露在外，正好与魏晋士人随性的作风相吻合。这种衫穿着方式也较为多变，可穿可披，袖子没有袖端。穿着半臂衫，日常活动十分方便。

1　鲁迅.而已集[M].沈阳:万卷出版公司,2015 年,第 164–179 页.

4.袴褶

袴褶，是一种上衣下裤的服式。袴是缚袴，是一种可外穿的合裆裤；褶是一种短袍类的对襟上衣。袴褶本是北方游牧民族的传统服装，汉朝时期，因为合裆裤更方便劳作，所以早期穿着合裆裤较多的是做苦力的劳作者。从东汉到魏晋时期，合裆裤渐渐也被贵族们所穿着，以起到遮蔽下体的作用。袴褶不同于烦琐的汉族服装，上衣下裤，腰间束革带，人们穿着起来活动十分自如，因此这种服式一经传入，很快便被汉族军队采纳用作行军作战的军服。随着各民族之间不断进行文化交流与融合，袴褶也因其穿着便利、行动方便而广泛流传在汉族百姓之间，后来甚至成为一些官员的朝服。

5.裲裆

裲裆，《释名·释衣服》载："裲裆，其一当胸，其一当背也。"[1] 可见，裲裆是一种无袖、无领的上衣，腋下与肩部有丝带或扣子相连接。军服中的裲裆铠正是源于裲裆。裲裆也可作夹服，中充以棉絮，来保暖避寒，这种服式沿用至现在，就是我们所熟悉的马甲、坎肩。

第四节 万国来朝：隋唐时期的服饰文化

一、文化背景与服饰特点

隋唐时期是中国封建社会的繁盛时期，在文化、政治、经济等方面与外界交流异常频繁。文化交流的加深、政治的稳定、经济的发达、手工业技术的进步，都使得隋唐时期的服饰发展空前繁盛。

唐服装之华美得益于隋。隋虽然统治年代短，但手工丝织品发展却十分兴盛。到了唐朝，丝织品产地遍及全国，这些精美的丝织品为唐代服饰发展奠定了基础。唐朝是一个十分开放、与外来文化交流颇多的时代。由于多民族文化交汇融合，

---

1 王国珍.《释名》语源疏证[M].上海：上海辞书出版社，2009 年，第 177 页.

周边各少数民族的服饰特色被吸纳到汉族服饰中。唐朝时期服饰发展出现了一个关键的转折点：长期处于男子服饰附庸地位的女子服饰开始得到了长足发展。唐朝时期，由于社会繁荣、政治开放，女子地位得到上升，进而女子服饰的地位也得到了提升，样式之繁多，花纹之精美，坦露之程度都可谓前所未有。且从出土的壁画和一些陶俑中可以看出，当时还有女子穿戴男子服饰的时尚。

二、服饰样式

（一）首服

1. 幞头

幞头是隋唐时期男子所普遍佩戴的首服，无论身份尊卑，皆可佩戴。幞头起源于魏晋南北朝时期的幅巾，幅巾因用整幅布料裹头而得名。早期幅巾是平民百姓才会佩戴的，后来王公贵族也多喜爱佩戴此巾。《隋书·礼仪志》载："用全幅皂而向后幞发，俗人谓之幞头。自周武帝裁为四脚，今通于贵贱矣。"[1] 北周武帝对幅巾进行改革，"裁为四脚"，就形成了幞头的雏形，但周武帝所创的早期幞头只有四脚，并无带子。

随着幞头更进一步的发展，四脚便接上了四条带子。两带系在脑后使之自然飘垂，以此来作为装饰。另两带反系在头上绾住发髻，使发髻隆起，看起来更加美观。宋代沈括的《梦溪笔谈》载："幞头一谓之四脚，乃四带也。二带系脑后垂之，二带反系头上，令曲折附顶。"[2] 到了唐代，社会上流行高冠峨髻的风尚，所以又在幞头内衬以一种薄而硬的帽子做胚架，名为"巾子"，巾子的形状决定了幞头的造型。唐代幞头以罗代缯，把四脚改成两脚。两脚分别向左右方向伸出，叫作"展脚幞头"，为文官所佩戴；两脚在脑后交叉，叫"交脚幞头"，为武官所佩戴。皇帝佩戴时脚向上曲，臣子佩戴时脚向下垂。

1　魏徵, 令狐德.隋书·礼仪志 [M]. 北京: 中华书局, 1975 年, 第 272 页.
2　沈括.梦溪笔谈 [M].沈阳: 辽宁教育出版社, 1997 年, 第 3 页.

2.纱帽

纱帽，是隋唐时期男子经常佩戴的帽子，分为乌纱和白纱两种。

到了唐代，不仅身份尊贵的皇室成员、贵族、官吏可以佩戴纱帽，庶民百姓也被允许佩戴纱帽。晚唐以后，乌纱帽就成了最主要、最常见的男子首服。

《大学衍义补》载："纱幞既行，诸冠由此尽废。"[1]可见纱帽在当时的普及程度十分高。区别于乌纱帽对于佩戴者的低门槛，白纱帽是帝王专用。

3.幂䍠

幂䍠也叫幂罗、幂帷、幂巾等。幂䍠本是胡羌民族的服式，因西北多风沙，故用幂䍠来遮蔽风沙侵袭。原是实用性的，但传到内地，与儒家经典《礼记·内则》中"女子出门必拥蔽其面"[2]的主张相结合，幂䍠的功用就变成以防范路人窥视妇人的面容为主了。幂䍠是隋至唐初妇女出门的必用品，即用纱帛罩住头部并蔽障全身，既可防尘，又能避免路人窥视。

4.帷帽

帷帽，也称"席帽""帏帽"，是一种高顶宽檐的笠帽，在笠帽的周围垂下一层黑色纱帛制成的围帛，下垂及颈，遮住头部，起到防沙、防窥的作用。这种帽式也来源于西域。由于王昭君出塞时戴的是帷帽，所以又叫"昭君帽"。这种帽子是在唐高宗继位后逐渐流行起来的，由于相较幂䍠而言，它不那么遮挡视线，且佩戴起来较为美观，于是帷帽逐渐取代了幂䍠，成为唐代女子主要的首服。

5.浑脱帽

浑脱帽原来是西北地区少数民族跳浑脱舞时所佩戴的一种帽子，属于胡帽的一种。因为帽子的材质是毡子，故又称"浑脱毡帽"。除了用毡子作为材料外，制作浑脱帽还会用到羊皮、织锦缎等。浑脱帽的特点是帽体呈圆弧形，帽体顶部高且呈尖圆形。这种帽式在中唐时期开元、天宝年间广为流行。

1　邱浚.大学衍义补（中）[M].北京:京华出版社,1999 年,第 836 页.
2　崔高维校点.礼记[M].沈阳:辽宁教育出版社,2000 年,第 94 页.

（二）其他服饰

1.圆领袍衫

圆领袍衫也称"团领袍衫"，是隋唐时期士庶、官宦男子普遍穿着的服式，可为常服，也可用作公服，穿用场合较多。圆领口，领口、袖口、襟处有缘。晚唐时袍衫在膝盖外有横向开剪的接缝，俗称"横襕"，"横襕"表示怀古，即尊崇古时上衣下裳的制度。文官袍衫至足踝或及地，武官袍衫至膝盖以下。袍衫不仅随身份而长短不同，对色彩也有严格的规定：一至三品官用紫色；四品、五品用绯色；六品、七品用绿色；八品、九品用青色；且除天子常服可以为黄袍外，其他阶层所有官吏一律禁穿黄袍。《隋书·礼仪志》载："百官常服，同于匹庶，皆著黄袍，出入殿省。高祖朝服亦如之，唯带加十三环以为差异……唐高祖武德初，用隋制，天子常服黄袍，遂禁士庶不得服，而服黄有禁自此始。"[1]隋唐男子穿着圆领袍衫时，腰部用革带紧束，头戴幞头，脚穿黑色长靴，十分干练。

2.褐衣、襕衫

褐衣，是一般平民所穿着的粗布衣服。

襕衫，为衣襟底下接一幅横襕的长衫。《新唐书·车服志》载："士服短褐，庶人以白，中书令马周上议：《礼》无服衫之文，三代之制有深衣，请加襕、袖、褾、襈，为士人上服。开骻者名曰缺骻衫，庶人服之。"[2]

3.大袖纱罗衫

唐朝女服大多用纱罗衣料制成，纱罗衣料不仅用于内衣，也用在外衣上。大袖纱罗衫，面料轻薄呈透明状。大袖纱罗衫应起源于中唐，盛于晚唐至五代（见图1.3，图1.4）。

---

1 魏徵，令狐德.隋书[M].长春：吉林人民出版社，1995年，第163页.
2 欧阳修，宋祁，范镇，等.新唐书·车服志[M]//黄能馥，陈娟娟.中国服饰史.上海：上海人民出版社，2004年，第251页.

图1.3 辽宁省博物馆藏《簪花仕女图》局部

图1.4 辽宁省博物馆藏《簪花仕女图》局部

4.襦、衫、袄裙装

唐朝女子服饰以上衣下裙的套装为主，上穿短衣，下着长裙，佩帔帛，穿半臂，戴幂䍦等首服。上身短衣掩于裙内，裙腰提高至腋下，呈现出"短衣长裙"的唐代美感。

（1）短衫、袄、襦。短衫指面料轻薄的单衣，主要在夏季穿，春秋也可穿，有对襟及右衽大襟两种。袄与短衫的款式基本一致，主要的不同是面料的薄厚。袄是夹里的薄棉衣。襦，也是裙装中的上衣，通常很短，裙腰提高到胸以上，系带固定，以显出丰腴之美。

短衫、袄、襦的袖子分宽窄两类，盛唐以后，因胡服影响逐渐减弱而衣裙加宽，袖子放大。短衫、袄、襦的领形受西域民族服装的影响明显，除了交领外，还有圆领、直领、鸡心领、方领、翻领和坦领。领口、袖口等部位有镶拼绫锦或金彩纹绘及刺绣。最早，露胸的低领服装只有宫妃和歌舞伎才会穿着，后来又在贵妇中流行。此类服装的穿着效果是使女性露出胸前乳沟，这是中国古代服装中非常少见的穿着方法。

（2）裙。受南北朝遗风影响，隋唐女子多穿长裙，裙长齐地，裙腰高至胸部，下摆呈圆弧喇叭形，线条优美。裙的面料是各种丝织品，可宽可窄，通常以多幅裙为佳，行走的时候摇曳流畅。高至胸部的长裙，往往和纱罗开衫相配，露出颈下肌肤，营造出洒脱明艳的效果，充分体现出唐代开放大气的风格。

5.帔帛

帔帛[1]是长条形状的巾子，长度可达2米。用薄纱制作，上面有印花或织花图案。帔帛披在肩背上，缠绕在手臂间，行走时随风摆动，飘逸自然。还有一种帔帛，横幅较宽，长度较短，多为已婚妇女使用。穿襦裙、外加半臂并佩戴帔帛，成为唐朝女子的典型形象（见图1.5）。

---

1 晚唐后又称披帛，披帛与帔帛是同一种东西。

图1.5　辽宁省博物馆藏《簪花仕女图》局部

6.半臂和褙子

半臂又可以被称为"半袖""绰子"或"褙子"（背子），是一种半袖的对襟上衣，可以套在长袖的衫襦外边形成层次感，有翻领、无领等样式。隋代在宫廷中流行，到了唐代流传到民间，很受欢迎，不分尊卑、男女和老少，都可穿着。

第五节　古典美学的极致：宋朝的服饰文化

一、文化背景与服饰特点

宋朝分为北宋与南宋，北宋是继汉、唐之后，中国封建社会的第三个繁荣时期，文学艺术及手工业争先发展，社会空前繁盛。而南宋虽在江南苟延残喘，但也有一定的经济与文化发展成就。

宋代商品经济异常活跃，都市文化变得愈加繁荣。都市文化作为一种俗文化，与反映上层社会的如诗、词、教育、伦理等雅文化不同，它更多地体现在都市人民的生活情趣、精神追求上。都市文化的进一步发展，使宋代市民阶层种种物质需求与精神需求得以大幅度提升，审美意识觉醒，从而影响并改变着当时人们的社会生活方式。服饰作为人们最基本的生存生活需求，随着宋代社会的繁荣与进步，发生了巨大变化。[1]

宋朝纺织品服饰印染技术达到了新的高度，凸版印花和镂空版印花的制作技艺都十分精巧。且社会经济的高度发达，促进了商品服饰的交易，不仅贵族会购买高品质的服饰，连平民百姓都会穿着较为贵重的服饰。但由于两宋时期受到程朱理学"存天理，灭人欲"思想的影响，服饰相较唐朝而言，要更为质朴与素雅，色彩较唐朝而言更为单调，款式也并无过多的创新。不过在其特有的典雅美学领域，宋朝也做到了极致。

二、服饰样式

（一）首服

首服发展至宋代已趋成熟和稳定。其呈现出两种趋势。第一种，受五代时期的影响，宋代帝王所用的冕冠装饰繁多，颇为华丽。第二种，在"存天理，灭人欲"的思想支配下，以幞头为代表的首服呈现出拘谨和保守的外观。[2]

1.冠

宋朝男子所常佩戴的冠主要有通天冠、进贤冠、獬豸冠、平天冠等。进贤冠、獬豸冠依旧承袭汉唐冠制，主要是文官和执法官吏使用。宋代还有一种冠极为流行，即貂蝉冠，简称貂冠，由皇帝和大臣们在上朝的时候佩戴。由于冠上装饰以貂尾、蝉和玳瑁，因此被称为貂蝉冠。

2.巾、帽

宋朝男子喜欢佩戴幞头和头巾，幞头的制式在这一时期也得到了发展与完善，

1　张蓓蓓.宋代汉族服饰研究[D].苏州：苏州大学，2010年.
2　贾玺增.中国古代首服研究[D].上海：东华大学，2007年.

有些幞头已经不拘于巾帕的形式，演变成可佩戴的帽子。沈括在《梦溪笔谈》中说道："本朝幞头有直脚、局脚、交脚、朝天、顺风。"[1] 可见隋唐时期的软脚幞头到此时已经衍生出各种样式。

宋代的画像中也有不少佩戴巾帻的人物形象，宋朝文人士大夫的头巾叫"儒巾"，其中以戴桶顶巾最为流行。这是一种硬裹的高巾式样，苏轼经常佩戴，所以又称"东坡巾"。由于戴法各不相同，各式幅巾的命名方式也颇有不同，但大体都是以人物、景物为主，如"东坡巾""山谷巾""逍遥巾"等。儒巾在宋朝文人雅士之间十分风靡。

（二）官服

1.朝服

朝服又称为具服，适用于重大典礼朝会等正式场合。宋朝的朝服基本沿袭汉唐旧制，但宋朝官员穿朝服时，必定要在袍服领口处套一个上圆下方的饰物——方心曲领，即用白罗做成一个圆形领圈，下面连一个方形的饰件压在领部，使衣领变得平整。官员着朝服，要穿绯色的罗袍或着裙，里面要配白罗中单，腰束大带，且要佩戴蔽膝，脚穿白绫袜、黑皮履。官员在穿着朝服时，需要佩戴进贤冠、貂蝉冠或獬豸冠，还要在冠后簪白笔，手执笏板。[2]

2.公服

公服，又名"省服""从省服"。宋代公服一般承袭了晚唐五代样式，圆领、大袖，腰间束革带，头上佩戴幞头，穿革靴或锦履。

3.时服

时服指朝廷每年按照季节赐发给官宦们的衣物，包括袍、衫、袄、裤，以及制作服装的面料等。赏赐近侍和文武高级官员的织锦面料叫作"臣僚袄子锦"，此外还有天下乐晕锦、簇四盘雕细锦、黄狮子大锦、宝照大锦等。

---

1 沈括.梦溪笔谈 [M].北京:北京文物出版社,1975 年,第 8 页.

2 徐云龙.浅谈宋代的服饰特点 [J].新西部（中旬刊）,2013（7）.

（三）命妇服装

《宋史·舆服志》载："后、妃之服，一曰袆衣，二曰朱衣，三曰礼衣，四曰鞠衣。"又载："皇太子妃有褕翟、鞠衣。"可见后妃之礼服有五种，分别为袆衣、朱衣、礼衣、鞠衣和褕翟。"袆之衣，深青织成，翟文赤质，五色十二等。青纱中单，黼领，罗縠褾襈，蔽膝随裳色，以缬为领缘，用翟为章，三等。大带随衣色，朱里，纰其外，上以朱锦，下以绿锦，纽约用青组，革带以青衣之，白玉双佩，黑组，双大绶，小绶三，间施玉环三，青袜、舄，舄加金饰。受册、朝谒景灵宫服之……褕翟，青罗绣为摇翟之形，编次于衣，青质，五色九等。素纱中单，黼领，罗縠褾襈，蔽膝随裳色，以缬为领缘，以摇翟为章，二等。大带随衣色，不朱里，纰其外，余仿皇后冠服之制，受册服之……鞠衣，黄罗为之，蔽膝、大带、革带随衣色，余与褕翟同，唯无翟，从蚕服之。"[1]

袆衣、朱衣、礼衣、褕翟为后、妃在受册、朝谒场合穿着的礼服，鞠衣为后妃、皇太子妃从事蚕事时穿着的礼服。其服饰的基本搭配有中单、绶、大带、蔽膝、袜、舄，皆区别于常服的大袖、长裙、褙子的搭配形式，与皇帝、诸臣的祭服、朝服搭配较为一致。

（四）常服

1.袍、襦、袄

袍指有夹里的长衣，秋冬季节穿着，长到脚踝，又叫"长襦"。宋朝袍有宽袖广身及宽袖窄身两种，有官职的人穿着金袍，无官职的人穿着白袍。

宋代襦和袄形制基本与前朝相似，为平民百姓日常所穿着的必备衣物。

妇女的袄、襦都较短小，衣长至腰。有大襟与对襟两种。与裙子相配套而穿着，穿短襦时常常将衣襟放在裙腰之外。通常由锦、罗制成，再饰以刺绣。袄，夹里，且由于宋朝棉花种植业发达，袄经常夹以棉絮。

1　脱脱.二十六史：宋史[M].长春：吉林人民出版社，1995年，第2213页.

2.襕衫

襕衫，指在下摆处接有一幅横襕的长衫，接横襕是为了表示承接祖制"上衣下裳"。襕衫在唐朝时期就已经出现，在宋明时期尤为流行。襕衫为圆领或交领，袖子宽大，有清新、朴实的特点，穿着襕衫者多为士庶。

3.直裰

直裰的款式与襕衫相似，只是在背部有一条直通到底的缝，官员居家时经常穿着，宋代文人隐士也经常穿着。

4.褐衣

褐衣是指由粗布、麻布、兽毛等材料制成的衣物，多为平民及地位卑贱的人所穿着，褐衣也是底层人民的代名词。

5.褙子

褙子，起源于秦，《事物纪原·衣裘带服部·背子》载："秦二世诏衫子上朝服加背子，其制袖短于衫，身与衫齐而大袖。今又长与裙齐，而袖才宽于衫，盖自秦始也。"[1]隋唐时期开始流行，但隋唐时期的褙子是半袖的，衣身也并不长。宋代褙子按领式可分为直领对襟式、斜领交襟式、盘领交襟式三种，以直领对襟式为主，斜领交襟式和盘领交襟式一般是男子穿在公服里面的，女子多穿直领对襟式。褙子袖式有宽袖、窄袖两种。衣长分为齐膝、至膝上、过膝、齐裙、至脚踝几种。褙子衣身瘦窄，左右腋下开长衩，衣服前后襟不缝合。但在腋下和背后缀有带子，虽配有带子，但却并不用它系结，而是单纯垂挂着做装饰用，是为模仿古代中单的形式，表示"好古存旧"。在宋朝时，男女皆可穿着褙子，不过穿法不同。对男子来说褙子是便服，对女子来说则可做常服、常礼服。[2]

6.半臂、背心、裲裆

半臂是隋唐时期的服饰，起源于武士铠甲服，到了宋代男女皆可以穿着，男子通常穿在里面作衬，女子则多穿在外面。背心即无袖的半臂，短背心被称为裲

1　高承.事物纪原[M].北京：中华书局，1985年，第105页.
2　王佳琪.明代女服中的金属饰扣研究[D].北京：北京服装学院，2012年.

裆，男女皆可穿着。

7.裙、裤

宋朝裙流行千褶百迭裙，有六幅、八幅、十二幅等，幅上打褶，即百褶裙。裙子用料较多，下摆肥大。裙子的样式偏向修长，裙腰从唐朝时期的高腰下降到自然腰部，腰部系绸带，绸带上佩绶环，裙上绣绘图案或缀以珠玉。裙色一般比上衣要更为鲜艳。

汉服中，早先的裤子是并无裆部的，有裆的小短裤叫作裈，因此穿着裤子时还应在外着裙。直至宋朝，随着家具的发展，太师椅、椅子、凳子等实用型家具相继问世，人们不再席地而坐，裤子的形制才开始改变，人们开始穿着合裆裤。有的合裆裤是在背部开裆，如福州市黄昇墓出土的南宋烟色牡丹花罗开裆裤。宋代妇女劳动时开始不着裙，改穿着束口长裤；但上层社会妇女穿着裤子时，外面还是需要用长裙掩盖，以显礼制。

第六节　等级分明：明朝的服饰文化

一、文化背景与服饰特点

1368 年，明太祖朱元璋建立明王朝，对中央和地方封建官僚机构进行了一系列改革，其中包括恢复汉族礼仪，推行唐宋旧制，极力消除北方游牧民族文化对汉族文化产生的各种影响，禁胡服、胡姓、胡语等措施，逐步去胡还汉。且有了元末农民起义的前车之鉴，朱元璋重度关照底层农民的生活，采取了一系列政策扶持农业，如移民屯田、奖励开荒、减免赋役、兴修水利等。明代还十分注重对外交流与贸易，派出郑和七次下西洋，使得经济很快发展起来。[1]

明代时期，棉花已在中原及长江流域普遍种植，棉布成为民间普遍流行的制衣原料，丝绸等高级面料的加工也愈加精致。这一时期民营和官营的纺织厂大规

1　姜淑媛,顾平.早期中国官服补子与日本和服家徽的比较研究[J].国外丝绸,2005,20（6）:35-38.

模开办，更加促进了明代服饰的发展。

明延续了南宋对程朱理学的推崇，强调"存天理，灭人欲"，严格遵守"三纲五常"，思想上专制程度日益加强。反映在服装上，明代服饰较宋代更为保守，强调端庄守礼，且等级制度层次清晰、类别齐全。明代衣饰制作工艺的最高水平体现在官服制作上，明代沿袭了唐代官服旧制，但由于程朱理学的影响，明代官服等级差别比唐代官服要更为显著。但明代官服制作更加精美，整体配套也更加和谐统一。

明代服饰极力摆脱曾经所受的游牧民族文化的影响，但实际上已有不少游牧民族服饰特色被保留下来，只不过早已融合于汉族服装之内而难以区别，所以明代时期也有一些服饰是带有少数民族特色的。

二、服饰样式

（一）首服

1.冠

（1）衮冕。明代衮冕的形制基本承袭古制，主要由冠部、卷部与饰部组成。冠部，由在顶部覆盖的冕版和下面的衡组成。冕版，又名"延"。用长方形木板制作，制成长形，前圆后方，象征着天圆地方。卷部，冠卷是冠身部的核心，明代冠卷夏季用玉草，冬季用皮革，外面裱玄色纱，内里裱朱色纱。饰部，主要由旒、纮、缨及充耳组成。

（2）通天冠。于洪武元年（1368年）定制，加金博山附蝉，首施珠翠，黑介帻，组缨、玉簪导。皇帝郊庙、省牲，皇太子冠婚、醮戒时所穿。

（3）燕弁冠。"燕弁"，含义为在深宫安静地栖居。燕弁冠的结构框架很像皮弁，帽框之外用乌纱覆盖，从外看帽上的纹路分为12瓣，用金线装饰，帽前面装饰有五彩玉云，后边排列4座山状的图形，系冠用的是红色丝带，用两根玉簪来把帽身固定在头发上。

（4）忠静冠。又名"忠靖冠"，是明世宗参照古制所创制，作为文武官员燕居之用。忠静冠一般仅供文官佩戴，且需满足一定的条件：京城方面，佩戴者须是七品以上官员及八品以上翰林院、国子监、行人司官员；外省方面，仅供各府堂官、州县正堂、儒学教官穿着。武官只有都督以上者可穿着。

（5）保和冠。《明史·舆服志》载："复为式具图，命曰保和冠服。自郡王长子以上，其式已明。镇国将军以下至奉国中尉及长史、审理、纪善、教授、伴读，俱用忠静冠服，依其品服之。仪宾及余官不许概服。夫忠静冠服之异式，尊贤之等也。保和冠服之异式，亲亲之杀也。等杀既明，庶几乎礼之所保，保斯和，和斯安，此锡名之义也。"[1]

2. 帽

（1）圆帽。十分像竹篾或棕皮编制的遮阳挡雨的笠，但体积较小，用乌纱制成，里子用漆，始于元世祖时，形制大体与毡帽类似。

（2）中官帽。明初以圆帽为太平帽，至洪武十九年（1386 年），创制了中官帽的式样。相传此帽源于高丽，明太祖派一名细作潜入了高丽，偷看到了高丽王之冠，于是仿制而成。此帽是用纱裹成，后列三山，并且增加了垂在帽后的两条方带。没有官职之人也可以佩戴此帽，不过需要在顶后面增加一幅方纱垂挂，以示区分。此帽为内使所戴，所以又称"内使帽"。

（3）边鼓帽。是一种长尖顶带檐的圆帽，元代遗制，为一般市井平民佩戴，明嘉靖时期极为流行。[2]

（4）小帽。又名"瓜拉帽"，即后代的"瓜皮帽"。明朝民间最流行的就是瓜皮帽，瓜皮帽就是形状像半个西瓜的旧式便帽，头顶有一小结。瓜皮帽本来是执役斯卒所佩戴，后来因为其佩戴起来极为方便，士庶逐渐也都佩戴此帽，南方百姓冬天时也都爱戴它。瓜皮帽有六瓣、八瓣之分，上面分为平形、圆形，用线合缝，下面有帽檐。夏天的瓜皮帽用棕榈毛或漆纱制成，冬天则用绒或毡制成。因为其多为六瓣，也称"六合一统帽"。

1　张廷玉.明史[M].长沙：岳麓书社，1996 年，第 949 页.

2　王静，张冲.民族融合中的中国服饰[J].美与时代，2004（2）：47-49.

3. 巾

（1）儒巾。古代读书人所戴的一种头巾，明代通称"方巾"，为生员的首服。

（2）方巾。也称"四方平定巾"。明朝郎瑛的《七修类稿》记载，洪武三年（1370年），明太祖朱元璋召见浙江山阴（今绍兴一带）著名诗人杨维桢，杨戴着黑漆方顶大巾去谒见，太祖问其头上所戴的是什么巾，他回太祖这是四方平定巾。明太祖听了大喜，就让一众皆戴此巾。[1]

（3）网巾。用马尾鬃丝或头发编成，网口用帛包边，缀上金玉或铜锡所制的小环，系绳穿拉两环固定，又名"一统山河"或"一统天和"。佩戴网巾可以维持头发的整洁，所以上至贵官，下至生员吏隶，冠下都佩戴网巾来持发。

（4）东坡巾。也被叫作"东坡帽"，相传宋代苏轼首戴此巾。东坡巾以双层乌纱制成，前后左右各折一角，多由读书人佩戴。

（二）文武官服

1. 朝服

朝服用于大祀、庆成、颁诏等国家大典。戴梁冠，穿赤罗衣、裳，里面穿着中单，佩赤、白二色绢大带，革带，佩绶。冬季农历十一月后，百官可佩戴暖耳来保暖。

2. 祭服

祭服，只在祭祀这种盛大的特定场合所穿着。明朝初立，学士陶安即请制五冕。朱元璋认为古制太繁，于是删繁就简，只留下了祭祀天地和宗庙时穿的衮冕，祭祀社稷时穿的通天冠、绛纱袍，其余的服制都不再用了。[2]

凡皇帝亲祀郊庙、社稷，文武官陪祭也需要穿着祭服。一至九品，外穿皂领缘青罗衣，内穿皂领缘白纱中单，下着皂缘赤罗裳，赤罗蔽膝，三品以上则穿方心曲领。冠带佩绶按照朝服的制度，四品以下不佩绶。[3]

1　郎瑛.七修类稿[M].上海：上海书店出版社，2001年，第144页.

2　刘晓.明清时期朝贡体系中的朝鲜服饰[D].杭州：浙江大学，2013年.

3　张廷玉.明史[M].长沙：岳麓书社，1996年，第949-953页.

3.公服

明朝以乌纱帽、团领衫、束带为公服。百官每日奏事、侍班、谢恩、公座及外出时，都需穿着公服。穿着公服时，头上需要佩戴幞头。幞头有漆、纱两种，展脚长1尺2寸[1]，早先规定杂职官所佩戴的幞头不能用展脚，只垂二带，后来准佩戴展脚幞头。百官入朝如若碰到雨雪天气，可以在外穿着雨衣。

4.常服

常服在日常理事时穿着，形制比较简便，由乌纱帽、团领衫、束带三部分组成。明代以乌纱帽作为官帽，后来"乌纱帽"被引申为官职的代称。有官职的官员还经常使用补子，这是一种有固定位置、形式、内容和意义的纹饰，以金线或彩丝织成飞禽走兽纹样，缀于官服的前胸后背处，通常做成方形，前后各一。文官绣禽，表示文明；武官绣兽，表示威武。明代对不同品级官员补子图案的规定还不十分严格，一些没有正式官职的杂职人员也可以用杂禽、杂花补子。其他还有用应景补子的，如：正月十五的"灯景"补子，五月端阳的"艾虎""五毒"，七月的"鹊桥"，以及"葫芦""菊花"等正式品服之外的补子，大多是内臣、官眷等人自己置办的。[2]

5.燕服

明嘉靖七年（1528年），对明朝官员退朝燕居时所穿的衣服也做了规定。衣式效法古代的玄端，取名"忠静"，以期达到"上朝想着尽忠，退朝想着补过"的目的。忠静服用深青色的纻丝纱罗制成，交领、大袖，下长至膝。这种燕居服饰，按照规定，在京城只允许七品以上官员及八品以上的翰林院、国子监、行人司穿着；在外地允许地方长官、儒学教官穿用；武官只有都督以上的官员可以穿用，其余的人不允许随意穿着。[3]

---

1 1明尺=31.1厘米，在明代1尺2寸=37.32厘米。
2 戴钦祥,陆钦,李亚麟.中国古代服饰[M].北京:商务印书馆,1998年,第144-145页。
3 李小虎.《明史·舆服志》中的服饰制度研究[D].天津:天津师范大学,2009年.

6.蟒服、飞鱼服、斗牛服、麒麟服

明代在官服之外还有赐服,当时皇帝特别恩准赐服给那些有功勋的官员以示奖励,后来随着朝政的腐败,赐服就发生了质变,主要是皇帝视喜好来任意赐予。一种赐服方式是官品未到而赐予;另一种是赐蟒服、飞鱼服、斗牛服、麒麟服这四种特制的服饰。蟒的纹样与龙相仿,仅比龙少一爪;飞鱼为有鱼鳍、鱼尾之蟒;斗牛是蟒头上多两个牛角;麒麟服的纹样与龙纹类似,有牛蹄。[1]

(三)妇女服饰

1.皇后礼服

皇后礼服是明代后妃的朝、祭之服,皇后在受册、谒庙、朝会等重大礼仪场合穿着礼服。以袆衣、九龙四凤冠等作为皇后礼服。后来又进行了修改,定皇后礼服为九龙四凤冠、翟衣、黻领中单等,此后一直沿用。[2]

(1)九龙四凤冠。九龙四凤冠为皇后穿着礼服时所佩戴的凤冠。凤冠冠胎为圆形,冠顶装饰翠龙九条、金凤四只。冠身的上部铺有点翠镶珍珠的如意云,下部有大珠花、小珠花、珍珠宝石钿花及翠钿。博鬓安在凤冠后部,朝向下方或前方一侧的边沿缀有珠络、垂珠滴。

(2)翟衣。皇后所穿着的翟衣用纻丝、罗或纱制作,右衽大襟直领,深青色。衣服上织或绣有12行翟纹,翟就是红腹锦鸡,这种锦鸡有着色彩十分亮丽的羽毛,翟纹与翟纹之间还夹有小圆形花朵。衣长至足,不配裳。

2.命妇朝服

命妇,即有封号的妇女,一般多为官员的母、妻。命妇的封号往往依丈夫或儿子的地位而定,有清楚的等级,匹配以相应的服饰,以彰明身份。凡是需要命妇出席的公开场合,比如朝见皇帝或者后妃,参与皇室婚丧嫁娶,以及在家中参与祭祀,正式拜见长辈,都要穿礼服,即朝服。命妇朝服一般由彩冠、霞帔、大

---

1 李怡.唐代对明代官员常服影响考辨[J].浙江纺织服装职业技术学院学报,2013(1).
2 董进.图说明代宫廷服饰(七):皇后礼服[J].紫禁城,2012(4):116-121.

袖衫及褙子组成。

（1）冠服。命妇在首饰、冠服、服色上有严格的等级区别。钗多者，身份更为尊贵。在质地上以玉最为尊贵，金次之。皇后、皇太子妃佩戴凤冠，亲王妃、妃嫔以下，包括官员妻子用翟冠。根据官员品位不同，翟冠上所饰配件有所差异。在服色上，一品至五品命妇穿紫色，六品至七品命妇穿绯色。

（2）霞帔。霞帔是命妇礼服的一样重要配饰。霞帔最早出现于南北朝时期，宋代成为女子礼服的一部分，明代在命妇礼服中常设。霞帔绕着脖颈佩戴，垂挂在胸前。因颜色灿若云霞，所以被命名为霞帔。霞帔上绣有纹饰，具体样式依命妇品级而定。末端缀有金玉宝石，以示贵重。

（3）大袖衫。又称大衫，是宗室女眷和大臣命妇们穿着礼服时所搭配的主要服装。

3.女子常服

（1）褙子。明代女褙子为合领或直领对襟，衣长与裙齐平，左右腋下开衩，衣襟敞开，有时用绳子固定。褙子在袖口及领子都装饰有花边，领子花边到胸部。褙子款式因身份不同而有差别，合领对襟大袖是特属于贵族女性的款式，直领对襟小袖是平民女子所穿款式。

（2）水田衣。水田衣又叫"百衲衣"，用颜色各异的布料连缀而成，因为衣服看上去颜色交错，好像块块水田，因而得名"水田衣"。水田衣在唐代就已经出现了。明代早期水田衣在平民女子中流行，后来因为别致新颖而被世家女子采纳，成为流行于不同阶层的一款时尚服饰。

（3）裙。裙为明代妇女们最常见的下裳，通常与短袄、衫等搭配穿着。最流行的款式为布幅在两侧打褶，中间留有一片不打褶的比较平整的布面，上面绣有各种纹样图案，多为花草禽鸟。这种裙子就是清朝流行的马面裙的雏形。

（四）男子常服

1.圆领

明朝圆领衣由唐代圆领袍衫发展而来，官员、平民百姓都可穿着。圆领又称盘领，领呈圆形，领口有边，领子的外襟开端处有纽扣，衣襟处可系带固定。官员所穿着的圆领衣衣裾两侧有插摆，而平民百姓则没有。且官员所穿着的圆领衣多为宽袖，平民圆领衣则为窄袖。[1]

2.曳撒

曳撒，也叫"一撒"。正面上下分裁，大襟、右衽、长袖，腰部以下形似马面裙，正中为马面，两侧打褶，左右接双摆。后襟为通体裁剪，不断开。

3.搭护

搭护，亦作褡护，又称"半臂"。交领，无袖或短袖，衣身两侧开衩，穿着在圆领袍内打底。

4.贴里

贴里是一种上衣与下裳相连的束腰袍裙，形状十分类似百褶裙，且形制与曳撒相近，通常穿在圆领衣、搭护里。

5.直身

直身也叫"直裰"，有些像道袍，款式为右衽交领宽袖，衣身左右开衩，在家中闲居时可以穿着。明代的儒生喜爱穿着这样衣身宽松的服装，举人、贡生、监生等一般穿着蓝色四周镶黑色宽边的直身，直身因此也得名蓝袍。

明代衣冠制延续了将近三个世纪，在1644年清军铁骑踏入山海关之后，迅速让位于旗装马褂。为了保留满族服饰特色，以及彻底实现对国民的统治，清政府实施了强硬的满化衣冠政策，要求老百姓必须剃发易服。"留头不留发，留发不留头"的政策引起了汉族民众的强烈抵抗，但清政府一方面铁腕镇压，另一方面适当妥协，以此使民众逐渐接受了这种服饰体系。

1　李小虎.《明史·舆服志》中的服饰制度研究[D]. 天津: 天津师范大学, 2009 年.

所谓清廷的妥协，就是允许在本朝的服饰系统中容纳一些汉族服饰元素，比如在皇族服饰中采用了汉族冕服中的十二章纹，朝服沿用明代的补子形制。女子服饰较男子服饰保留了更多的前朝风格，沈从文先生在《古衣之美》一书中谈到清代汉女服饰时说："平民妇女服饰，康熙、雍正时，时兴小袖、小云肩，还近明式；乾隆以后，袖口日宽，有的竟肥大到一尺多。"[1]但尽管有这些汉族服饰元素得到保留，但总体而言，汉服的发展脉络自此隐入历史地平线以下。

从上述历史材料中可以看出，从上古时期一直到明代，汉民族服饰有着线索清晰的发展历程，积累了丰富的服饰元素，呈现出深厚的文化底蕴。这些文化积累，为当代汉服文化的兴起提供了丰富的历史资源。正是通过对这些文化要素的挖掘和重新阐释，汉服的复兴才成为可能。了解传统服饰的发展历程，将会有助于加深对汉服运动的理解。

---

1 沈从文.古衣之美[M].南昌：江西人民出版社，2019 年，第 17 页.

第二章　曲水流觞：汉服的消失与复归

第一节　隐退于历史幕后的汉服

一、旗装登场，汉服隐退

清朝是少数民族入主中原所建立的王朝，为了维护政权统治，清军入关后便强制推行旗装。此后的 200 余年，满族服饰在中国土地上成为主导，得到了广泛普及与流行。中华几千年延续下来的服饰文化制度就在强制推行的"剃头改服"中隐退蛰伏。

但由于汉服本身有着深厚的历史根基和民间影响，所以即使清朝政府极力压制汉服文化，汉服也依旧通过一些特定的方式得以部分留存。清代学习了明代的服饰等级制度，比如：皇帝的衮冕、朝服的十二章纹；用官服的补子和官员帽顶镶嵌的珠玉宝石显示不同的官阶；用贵妇人朝冠上的金凤、金翟的数量显示品阶。清初，在汉族人的强烈反抗下，清政府妥协让步，采取了明朝遗臣金之俊的"十从十不从"建议，使汉服在民间也得到一定留存。[1]

所谓"十从十不从"包括："男从女不从，生从死不从，阳从阴不从，官从隶不从，老从少不从，儒从释道不从，娼从优伶不从，仕宦从婚姻不从，国号从官

1　华梅.中国服装史 [M].北京：中国纺织出版社，2005 年，第 105 页.

号不从，役税从文字语言不从。""男从女不从"，指旗人之外，男子须剃头留辫，女子则不必梳旗头。"生从死不从"，指活着必须穿旗装，死时入殓可以穿汉服。"阳从阴不从"，指阳间生活须按旗人方式，办丧事则可以保持佛道习俗。"官从隶不从"，指官员服饰按清制，隶役仍然是明代的装扮。"老从少不从"，指孩子的发型可以和从前一样，成年人则必须剃头。"儒从释道不从"，指儒生必须按旗人规矩来，和尚和道士则可以保持从前的生活和着装习惯。"娼从优伶不从"，指娼妓需要穿旗装，唱戏的则可以依旧穿汉服。"仕宦从婚姻不从"，指官吏的管理按清朝制度来，婚姻习俗则遵循汉族旧礼。"国号从官号不从"，指国号由明改为清，但官号延续明制，如尚书、巡抚等。"役税从文字语言不从"，指税收和徭役都遵从清制，但依旧使用汉语言文字。

然而，尽管汉服元素以种种方式得以留存，却难以作为一个完整的体系发展传承，这一点在女子服饰沿革中体现得尤其明显。清初满汉女子各自遵从本民族的衣着习惯，差别显著，但是随着时间的推移，从清代中期开始，满族女子服饰开始效仿汉服，汉族女子也越来越多地模仿满族贵妇的穿着，旗装与汉服元素相互融合。比如，晚明女子上衣多用竖领，以金属为扣。清初女子旗装本来是无领的，以小围巾在颈间作为配饰，后来则效仿汉服逐渐加上了领子。清初汉女还经常穿着对襟长衫，下着长裙，后来学习满族习惯，上身穿右衽大襟袄或衫，下着裳或裤。到晚清女子服饰还发展出繁复镶滚的特色，在领口、袖口和衣襟上层层滚边、刺绣，繁复华丽，与明代女装的典雅秀美是两种迥然不同的风格。

二、西服旗袍，民国风情

自1840年之后，西风东渐，给沉浸在天朝大国梦想中的人们带来了巨大的冲击。照相术、留声机、电影渐次传入中国，洋火、洋碱、洋烟、洋线和洋布在生活中越来越常见，人们的穿着也随之发生改变。

鸦片战争的失败及其后接二连三的不平等条约的签订，使清朝政府开始反思并提出"师夷长技以制夷"的主张。曾国藩、李鸿章、左宗棠等人开始倡导洋务运动，陆续派出孩童前往西方学习西方建筑、铁路、火炮等科学文化知识。从 1872 年幼童留美计划启动，到 20 世纪初的"庚款留美"计划，中国陆陆续续派遣出上千名留学生到海外学习西方文化与技术，他们回国的时候也将西方衣着与生活习惯一并带回了中国。随着留学生的归国，穿着方便、样式新颖的西服走入国人视野。

服饰的变革，在当时被提到了影响国运的高度。康有为将改服视为政治改革的重要环节，他在《戊戌奏稿》中的"请断发易服改元折"里写道："今为机器之世，多机器则强，少机器则弱，辫发与机器不相容也。且兵争之世，执戈跨马，辫尤不便……且垂辫既易污衣，而蓄发尤增多垢，衣污则观瞻不美，沐难则卫生非宜，梳刮则费时甚多，若在外国，为外人指笑，儿童牵弄，既缘国弱，尤遭戏侮，斥为豚尾，出入不便，去之无损，留之反劳。"[1]

辛亥革命后，帝制崩塌，追求平等民主的进步青年们开始选择西洋传来的简易平等服饰，而非等级鲜明、穿着烦琐的中国服饰。于是传承千年的服饰等级制度终于在这场西风东渐的浪潮中松动。同时中西方贸易日渐紧密，舶来品越来越多地流入中国，在国人眼中，一开始代表着陌生、异质的西式服装，渐渐变得时髦可爱，越来越多的人开始尝试穿着西服。20 世纪 20 年代的上海，西装店的数量多达 700 多家，英式、日式、意式各成气候。

自此男子服装主要有两种变化趋势：一种是简化了的长袍、马褂；另一种是西服和中山装。对那些既想接受西方风尚，又不想失去古老传统的人来说，中山装是一个中西融合的恰当选择。中山装参照了中国传统服饰的立领、对襟等元素，结合了西式服装的衬衫翻领、上袖、收腰、明兜等强调造型的特点，穿着方便，适于各种日常活动。中华民国政府后来将中山装定为礼服，并赋予了它特别的意义：身前四个口袋寓意礼义廉耻，前身五个纽扣意味着五权分立原则，袖口三个纽扣代表三民主义，封闭式翻领寓意严谨治国，后背不破缝代表国家和平统一。[2]

1　康有为.戊戌奏稿[M]//袁仄,胡月.百年衣裳.北京:生活·读书·新知三联书店,2010 年,第 33 页.
2　张映勤.流年碎物[M].深圳:海天出版社,2019 年,第 125–126 页.

同一时期的女子服饰受西洋服饰的影响更大，不再走繁复华丽的路线，而是强调妥帖合身，突出曲线美。在时髦女性之间开始流行一些展露肢体、勾勒曲线的服装，其中最具代表性的是旗袍。在民国时期，由满族旗装演变而来的旗袍因剪裁和设计新颖，将女性曲线展现得淋漓尽致，在当时风行。此后旗袍也成为颇具影响力、普及大众的女性服饰。

此场西风东渐的浪潮大大冲击了中国传统服装行业，中华民族的服饰观念在这个战乱纷争的年代被彻底颠覆。

第二节　翩然重临的汉服

一、汉服复归的原因

（一）物资与技术的发展

在 20 世纪 50 至 70 年代，人们的着装非常简朴，颜色以蓝、军绿为主，款式多为工作服、中山装、列宁装。

20 世纪 80 年代以后，随着经济高速增长，老百姓的生活日渐富足，人们对服饰的要求不再局限于实用耐穿，而是希望能够体现出美和风格。为了满足日益增长的服装消费需求，中国的服装产业有了长足的发展，面料日益丰富，裁剪、制作技术越来越精良，设计理念不断升级，这些都为其后汉服的复归和流行提供了物质和技术的保障。

网络的发展与普及大大便利了汉服相关信息的传播。在网络出现之前，人们对汉服的认识大多通过古装电视剧及戏曲获得。20 世纪 80 年代中后期，就有影楼推出了戏装照相服务，满足消费者对于古装的爱好。但是这一时期的古装照相，服饰粗糙，化妆夸张，只是偶尔出现在生活中的点缀。而网络的出现，为汉服爱好者提供了传播知识、分享爱好及召集活动的平台。首先，与汉服相关的事件是通过网络走进大众视野的。汉服活动在早期很少通过纸媒和电视传播，多数通过网络自媒体被更多的人知道和关注。其次，与汉服相关的知识通过网络得到广泛传播。在网络出现之前，与中国传统服饰相关的信息保存在专业书籍中，只有相关专业和职业的人才能获得；而网络出现之后，许多汉服爱好者通过网络查阅资料，并在汇集整理后将其分享给更多的同好，大家将自己对汉服的认识、感想发布在网络上，互相交流切磋，使得汉服现象逐渐凝聚成了一个富有生命力的潮流。再次，网络的发展使图片和影像的传播越来越便捷，使得汉服之美能够得到直观的认识，早期汉服同好对汉服的展示还是以着装拍照为主，随着汉服热的兴起，穿着汉服进行歌舞表演，甚至拍古装短剧、进行直播都成了汉服爱好者们非常喜欢的在线分享方式。最后，互联网也为汉服现场活动的召集提供了便利的方式，通过各种汉服贴吧、网站，大家可以快速发布信息，了解活动动态、内容详情，自由报名参加。互联网的存在大大便利了汉服活动的举行。

目前，中国大陆高校以"汉服"和"传统文化"为主题的学生社团所拥有的成员总计已超4万人，其影响和覆盖人群则以数百万计，爱美又崇尚时尚的青年自发加入汉服潮流，他们不仅着迷于汉服的复古之美，更醉心于其深厚的文化内涵。需求的增长推动市场的火爆，根据艾媒咨询发布的《2020Q1中国汉服市场运行状况监测报告》，目前全国汉服市场的消费人群已超过350万人，中国汉服产业进入井喷期，市场销售额突破45亿元。

（二）文化的传承

从文化发展的角度来看，汉服的回归与国学热的兴起有直接关联。新中国成立之初的20世纪五六十年代，传统文化作为旧社会价值观的代表，一直是劳动人民需要警惕和批判的对象。到了20世纪80年代，有相当一批知识分子认为应该更多引入欧美现代文明来激励中国文化的发展。这些对中国传统文化的激进批判态度，确实洗涤了愚昧迷信的陈旧遗风，但同时也造成了一定程度的文化迷茫，

---

1 艾媒咨询. 2020Q1中国汉服市场运行状况监测报告 [R/OL]. (2020-5-15)[2023-2-8]. http://report. iimedia.cn/rep018-0/39077.html.

造成了文化认同的断裂和混乱。到了 20 世纪末 21 世纪初，学习国学，重铸经典，延续中华文化的根脉，又重新被提上了历史议程。从 2000 年之后，国学研究所、国学讲堂和国学院纷纷成立，海外高校也陆续出现孔子学院，儒释道思想，诗词歌赋，中国古典音乐、舞蹈和绘画开始被更多的人关注和喜欢。

2001 年，中央电视台科教频道推出了一档讲座类节目《百家讲坛》，这个节目中有许多涉及国学的系列，比如 2005 年的"汉代风云人物"，2006 年的"于丹《论语》心得"，2016 年的"黄帝内经"，都成为广受欢迎的讲座。2010 年之后，出现了更多与国学相关的热播电视节目，比如首播于 2013 年的《中国汉字听写大会》、2014 年的《中国成语大会》、2016 年的《我在故宫修文物》《中国诗词大会》、2017 年的《国家宝藏》。在这些围绕国学展开的节目中，汉服也成为节目内容中越来越引人注目的元素。2016 年的《中国诗词大会》上，就有选手穿着带有汉服元素的服装登台比赛。而在 2018—2019 年播出的《国家宝藏》第二季中，汉服更是成为被着重展示的国家瑰宝。

《国家宝藏》第二季的 27 件入围国宝中，长信宫灯、彩绘石散乐浮雕、"五星出东方利中国"锦护膊、绢衣彩绘木俑，都与汉服息息相关。长信宫灯出自西汉，曾在窦太后的长信宫中使用，因此被称为长信宫灯。宫灯整体上是一个宫女的造型，她穿着曲裾深衣，头戴巾帼，这是西汉女性的典型服饰。在《国家宝藏》关于长信宫灯的部分中，蒋雯丽饰演的窦太后也穿着红色曲裾深衣，该款深衣为交领右衽，胡垂袖，上有云雷纹——与马王堆一号汉墓帛画中部墓主人深衣上的纹样极为相似。深衣下的鞋子是双尖头青丝履，这也是根据马王堆一号汉墓出土的衣物还原的。

节目中佟丽娅在展示唐代文物绢衣彩绘木俑的时候，精准还原了唐代少女服饰。她头梳双螺髻，饰以绢花。额上贴了与绢衣彩绘木俑同形的花钿，腮边傅了斜红，唇角点了面靥，这都是唐代特有的化妆方式。她上身内穿白色窄袖襦衫，外罩月白色半臂，下系宝蓝色长裙，臂上搭着浅粉色帔帛，整体风格俏丽明艳，尽显盛世风华。

佟丽娅的这套唐代妆容服饰非常受观众喜爱，在《国家宝藏》第二季播出后不久，哔哩哔哩上很快出现了佟丽娅国家宝藏造型的仿妆。还有些汉服爱好者直接仿绢衣彩绘木俑妆容，以自己为媒介，最大限度还原唐代服饰原貌。

由此可以看到，以国学为主题的电视节目加深了大众对于中国传统文化的认识，直观地呈现了中国传统生活方式，彰显了汉服的美与魅力，为汉服复兴运动奠定了文化基础。加之随着经济的繁荣、文化的发展，人们的审美越来越多元化，生活态度包容性越来越强，在这样包容接纳的社会当中，街上的汉服爱好者们面对的非议和误解少了很多，能更自信地将汉服穿上街头。

除国学的复兴外，人们对节庆仪式日益重视，是汉服复兴的另一个重要契机。节庆仪式对提升物质生活并没有直接的作用，但会对人的思想和心灵有非常直观的影响，它可以帮助人们表达情感，将心灵世界的内容具象化，从而起到沟通、连接和加深记忆的作用。而服饰往往是节日庆典仪式的一个关键性的组成部分，是内在情感和诉求的外在形象化表达。

中国很多少数民族同胞在欢度节日庆典的时候都会穿着本民族服饰，如蒙古族的那达慕大会、维吾尔的古尔邦节、傣族泼水节，盛大节日里别具风格的民族服装表达了少数民族同胞对传统文化的理解和尊重，通过这种着装，人们仿佛能够穿越时空，与先民对话，使历史得到传承。

在历史上，汉民族曾经十分注重节庆仪式。比如说祭孔仪式，这个在隋唐之后，被奉为"国之大典"的祭祀典仪，无论是在程序、音乐还是服饰上都特别讲究。在唐代，祭典仪式的服装多由皇帝钦定，比如唐高祖武德九年（626年），皇帝封孔子第三十三代孙孔德伦为褒圣侯，褒圣侯朝会位同三品，祭祀冕服的冕按品阶设置。北宋时期为祭孔制定了专门的祭祀服装。明太祖朱元璋曾经御赐孔家一套祭服，即一顶七梁冠。[1]

再比如庆祝春节，在服装上也有要求。明代宫中习俗，是从腊月二十四祭灶之后，宫中诸人就要穿葫芦景补子及蟒衣，接下来就是贴门神，室内悬挂福神、

---

1 徐冉.祭孔服饰演变初探[J].收藏家，2017（6）：22-26.

钟馗画像，在屋檐下的廊柱上插上芝麻秸，在院中焚柏枝柴。到了初一早上焚香放炮，穿着崭新衣服的人们就开始互相走动拜年。

不仅庆祝春节有服装要求，明代宫廷在不同节气也要穿戴与之相配适的服饰，比如：七月初七七夕节，宫眷要穿鹊桥补子，在宫中投针乞巧；九月重阳节要穿菊花补子及蟒衣，登万岁山或者兔儿山，吃菊花糕、饮菊花酒。如此种种，不一而足。

除了这些重大社会性节日外，个人生命历程中一些重要的仪式对着装也有细致的要求。比如古代男子的成人仪式——冠礼。冠礼是从氏族社会的成丁礼变化而来的，到周代形成了一套完整的冠礼制度。周代贵族男子 20 岁的时候在宗庙里举行冠礼，由父亲主持加冠：先加缁布冠，寓意从此有了治人之权；再加皮弁，表示从此有了服兵役的义务；最后加爵弁，表示从此有了参加祭祀的资格。缁布冠是用黑麻布做的帽子，皮弁是白鹿皮帽，爵弁是赤黑色的平顶帽，为祭祀时所戴。

与男子的冠礼相对应，贵族女子 15 岁时举行及笄礼，结发加笄。所谓结发，就是把头发在头顶盘成发髻，区别于女童时期下垂的发式。笄，是用来固定发髻的簪子。结发之后表示已成人，可以谈婚论嫁了。[1]

个人生命历程中最重要的仪式之一——婚礼，在服饰上有更多的讲究。早在先秦时期，就已经形成了完备隆重的婚礼仪式。先秦时婚礼在黄昏举行，婚礼前要在寝室外东边放三只鼎，里面放置烹熟的小猪、鱼和兔子。房中准备好肉酱、五谷、调料和酒水。新郎身穿爵弁、浅绛色裙，裙下端用黑色下缘装饰。随从皆身穿玄端。新娘则穿着带有浅绛色衣缘的丝衣。新郎在大门前要与新娘家的主人互相答拜，然后带着大雁入门，再经过几次拜礼之后，才可迎接新娘出门。[2]

今天人们经常能够在电视剧中看到新娘穿凤冠霞帔、蒙着盖头的打扮，这是从宋代兴起的。不过，宋代的新郎却并不穿红色，而是穿绿色大袖长袍，头戴幞

1　王力主编.中国古代文化常识[M].北京：世界图书北京出版公司，2009 年，第 95 页.

2　易叡主编.中国各朝代婚礼文化[M].长春：吉林大学出版社，2017 年，第 21 页.

头，这正是九品官袍的制式。[1]

新娘穿凤冠霞帔蒙盖头的习俗一直延续到明清。到民国时期，新式婚礼开始实行女方穿婚纱、男方穿长衫的习俗。20世纪50年代至70年代，由于国家百废待兴，民众厉行节俭，婚礼也多简单朴实，男女青年往往穿着工作装完成婚礼。20世纪80年代之后，物资逐渐富足，婚礼也重新变得有仪式感，但人们多数时候都选择穿婚纱西装完成婚礼。在21世纪汉服风逐渐兴起之后，汉服又成为青年们筹划婚礼时的一个有趣选项。现在在淘宝上，汉唐宋明不同时期、不同风格的婚服都可以很容易地购买或定制；很多婚庆公司也推出了各种中国风婚礼服务。

同样地，在其他的节日庆典中，也有了更多的穿着汉服的身影，比如春节、元宵节、成人礼。在汉服出现之前，汉族民众在重大节庆时通常选择穿"新衣"以表庆祝。"新衣"大体上指各种新购买的时装，虽然在某种程度上可以营造节日喜庆氛围，但无法继承传统节日具有的悠久历史文化内涵。而重新穿着汉服，则让节日庆典的文化内涵变得更加深厚，塑造更强大的民族凝聚力。

二、汉服复归的标志性事件

（一）2001年上海APEC会议上出现的"唐装"

APEC——亚太经济合作组织是一个成立于1989年11月的亚太地区最高级别的区域性经济组织。中国于1991年11月加入该组织。APEC会议首次于美国召开时便定下惯例：会议以非正式的形式进行。而这种非正式的形式又具体表现为：会议不设主题，与会者自由交谈；与会领导人身着会议主办方提供的民族服装，每届都要拍摄"全家福"式的合影等。这一"非正式"的形式让每届APEC会议的服装都成为备受世界关注的焦点。

2001年10月21日APEC第九次领导人非正式会议于上海举办。主办上海APEC会议的中国政府，花大力气设计并隆重推出了一套现代中式服装。21位亚

1　易叡主编.中国各朝代婚礼文化[M].长春:吉林大学出版社,2017年,第177页.

太地区国家领导人穿上了经过精心设计的中式服装于上海科技馆正式亮相。这种中式服装的样式为中式对襟夹装，有红、绿、蓝、咖啡、酒红 5 种颜色。织锦缎面的服装上布满了由金丝线绣成的"国花"牡丹包围 APEC 字样的团花，其雍容华贵、精美典雅尽展无遗。传统的中式唐装刚在如此高端、重要的国际场合中精彩亮相，便立刻吸引了海内外华人甚至全世界人民的眼球[1]。

2002 年春节期间，APEC 会议上的中式服装爆发式地流行起来，"唐装"一词迅速火热成为当年的流行语，国内掀起了一股"新唐装热"。为迎合大众市场，各地的服装市场陆续上架唐装，唐装同年销售额高达 4 亿元。人们买唐装，穿唐装，甚至把唐装当作礼物互赠。不仅在西边的西藏、新疆等少数民族聚居的地区和港澳台地区随处可见身穿唐装的人们，就连新加坡、日本等有较多华人生活的国家也都纷纷向中国订购唐装。[2]

（二）2002 年汉服帖的热转

2002 年 2 月 14 日，网友赵军强（网名"华夏血脉"）出于自身对中国传统文化的热爱，于新浪舰船知识网络版军事历史论坛上发布了一篇名为《失落的文明：汉族民族服饰》的帖子。帖中指出代表中国人的民族服装应该是中华民族主体民族的民族服装，并以历史文本、古书插画和影视剧照相结合的方式，介绍了汉族服饰的历史范畴、消失原因及其与日本和服的关联及影响。

该帖一经发布就博得了网友广泛的关注，其点击量一度达到 30 多万，并被转发至新浪军事论坛、铁血论坛、天涯论坛等热门社区，引发了很多人对汉民族服饰的思考，也成为一些汉服爱好者的启蒙级资料。

赵军强本人将自己对于汉服复兴所起的作用归纳如下[3]（笔者对字词稍做修改）。

---

1 王志华. APEC：不爱西装爱唐装 [J].中国质量万里行, 2001（12）：20-21.

2 夏目晶子. 唐装盛行的特点及其历史因素 [C]//中国民族学学会.民族服饰与文化遗产研究：中国民族学学会 2004 年年会论文集.昆明：云南大学出版社, 2005 年, 第 13 页.

3 华夏血脉. 我本人在汉服运动中起的作用 [EB/OL].（2021-2-19）[2023-2-8]. http://blog.sina.com.cn/s/blog_40c05ce90102wsuf.html.

1.第一次在中国通过网络宣传汉服，并提倡汉服复兴

这是中国当代汉服复兴运动的第一篇重要文献，对汉服运动起到了巨大的理论指导作用，是汉服运动的理论基石和先导。

2.首次提出将汉族民族服饰简称为"汉服"

为了集中焦点宣传，为了使汉服更快更容易地走进中国人的生活，赵军强发帖建议大家放弃"华装""华服"等叫法，把汉族传统服饰叫"汉服"，这个名字沿用至今并得到了社会的广泛认可。

3.利用网络宣传汉服概念，扩大汉服影响

2002年汉服复兴正于起步阶段，知道汉服、了解汉服的人依然是少数，赵军强在很多有影响力的网站发帖宣传汉服并阐明汉服的内涵和概念，比如指出唐太宗李世民所穿圆领服饰也是汉服的观点，纠正了很多网友认为汉服只能是交领的错误。

4.线上呼吁汉服的线下活动

2003年中期，赵军强首先在汉网和新浪舰船知识网络版军事历史论坛上大声呼吁汉族网友穿汉服上街，通过上街让更多国人看到汉服，借此扩大汉服影响。

5.提出了汉服复兴的最低目标和最高目标

最低目标是让中国人知道汉服的概念并能理解和接受汉服，最高目标是让汉服成为中国的国服，再现汉唐盛世。现在看来这两个目标都在并行不悖、有条不紊地进行着。

6.提倡汉服时尚化和传统化两条腿走路的思想

赵军强提倡把古代和现代联系起来，希望在复兴传统汉服的基础上利用现代服装概念装饰传统汉服，传统与现代相辅相成，有利于汉服推广，有利于更快让国人接受，也有利于实现汉服最低和最高目标。

赵军强这篇颇有影响力的帖子让一大批对传统文化感兴趣的人加入了复兴汉服的队伍中来。有人认为这个事件是现代汉服运动的开端。

（三）2003 年汉服首次在街头出现

2003 年 11 月 22 日，郑州电力系统的普通工人王乐天首次把汉服穿上了街头，这是汉服在现代第一次公开出现在民众视野中。他这个里程碑式的壮举，使得他成为汉服复归生活的第一人。他让汉服从网络虚拟空间的热门话题，成为触手可及的现实存在。

穿汉服上街并不是王乐天心血来潮的冲动。汉服十分华美，但真正打动王乐天、令他毅然穿起汉服走上街头的，却是汉族服饰所凝结的民族精神。王乐天一整天从超市到公园走遍街头巷尾，做着他人眼中的"出土文物"。

在采访中王乐天说道："就是要通过汉服这一美好的形式，恢复传统的汉族文化，恢复中国主体民族应有的浩然正气，恢复中华民族应有的自尊自强与自立。"他在采访中还说："穿汉服和穿普通服装的自我感觉当然不一样，怎么能一样呢？汉服是华夏原生的，穿汉服时坐姿走姿都要端起来，能感受到一个汉族人的尊严！"[1]

王乐天穿的这件汉服是根据电视剧《大汉天子》中角色李勇（原型李陵）的服装样式仿制的，由薄绒深衣和茧绸外衣两部分组成。不同于长袍马褂的是，这件汉服没有纽扣，全部都是系带。这件汉服虽然简陋，甚至有点不合身，却是由王乐天和他的朋友们一针一线缝制的。他与朋友成立了一间工作室，在查阅文献、调寻资料后，亲手一针一线地缝制出这件汉服。从第一次穿汉服上街至今的时间里，王乐天每天穿着汉服上下班，汉服已经融入了他的生活。"穿汉服应该是一个长期的、艰苦卓绝的苦行僧式的行为，因为我们知道，穿起汉服，并不仅仅是为了对得起自己的良心，而是要唤醒更多的汉族人捡回自己的民族文化。"

《联合早报》的记者张从兴对王乐天将汉服穿上街头一事进行了专门报道之后，汉服便广受关注，汉服复兴得到了很多人的支持响应，在全国范围内甚至掀起了汉服复兴的浪潮。因此 2003 年被称为"汉服元年"。

1　阚金玲.汉服先锋,不仅仅是勇气[J].民族论坛,2005(11):37-39.

三、复归的社会反应

（一）官方回应

2006 年 5 月 25 日文化部部长孙家正在国务院新闻办公室召开的记者招待会上介绍中国文化遗产保护状况及第一个文化和自然遗产日相关活动，并答记者问。

其间，新加坡《联合早报》记者提问道："最近我们注意到民间有一些年轻人在提倡穿传统汉服的运动，不知道孙部长对此有何看法？传统汉服有没有可能最终成为受到保护的文物呢？"

孙家正部长回答："我也看到过这个消息，有些地方有些青年人在提倡穿汉服，但是我到现在都搞不清楚什么服装是能够真正代表中国的服装，这恐怕是我们面临的一个最大的困惑。总体上我的观点是，吃饭也好，饮食也好，穿戴也好，各有所爱，百花齐放，都是他个人的事情。但是我也衷心地希望我们能够创造出大家都很欢迎的有我们民族特色的服装。"[1]

2007 年 4 月 26 日《新快报》综合消息报道："复兴汉服的声量在中国持续放大，上个月就有逾百名学者提倡用汉服作为北京 2008 年奥运会中国代表团的礼仪服饰，但是，他们的愿望落空了。官方首度表态不会用汉服，并且指奥运礼服的设计理念，将包含历史的元素、现代的创意和未来的概念，颜色可能主要是红黄两色，也可以考虑祥云、莲花等中国古代流行图案。"[2]

（二）大众态度

随着汉服复兴运动的规模日益壮大，普通大众对汉服也有了或多或少的了解。而对于汉服的复兴，大众也持有各种不同的态度，有大力支持的人，同时也存在反对的声音。

1　康丽琳. 新闻办就中国文化遗产保护状况等举行新闻发布会 [EB/OL]. (2006-5-25)[2023-2-8]. http://www.gov.cn/xwfb/2006-05/25/content_290621_4.htm.

2　赵健. 北京官方首次表态奥运礼服不用汉服 [N]. 新快报, 2007-4-26.

1.支持汉服复兴者的观点

支持汉服复兴的人们表示汉服的复兴是对中国传统文化的继承，反映大众对回归中华优秀传统文化的向往，是中华民族复兴运动在文化领域的一种形式，对于弘扬民族文化，提高文化自信，增强民族自豪感都能起到很大的作用。

2.反对汉服复兴者的观点

反对者认为，汉服在日常生活当中的作用已经不大，许多参与汉服运动的人仅仅是出于娱乐的目的，想引人注目，穿汉服跟穿其他服饰没有区别。此外他们还认为，汉服运动过分强调汉民族主义色彩，无视其他55个少数民族的感受，可能会触发极端的民族主义。中国是一个多民族的大国，在举国推行一个民族服饰的时候应该权衡考虑，而不是由少数人自行代表大众。

第三章　与子同袍：汉服社团

第一节　汉服团体的兴起与发展

2002年2月14日，一位网名为"华夏血脉"的陕西网友发表了一篇名为《失落的文明：汉族民族服饰》的帖子，引发关注和讨论，两年内获得30多万点击量。这显示了在当代社会已经有越来越多的人关注传统文化，关注汉民族传统服饰，投身于汉服研究，汉服运动初现端倪。[1]2003年11月22日，王乐天先生把一件自制的汉民族传统服装穿上了街头，在新加坡《联合早报》记者张从兴的报道下，该事件引发了国内外媒体的广泛关注。在迎来人们的嘲笑与误解的同时，王乐天也得到了很多人的支持响应，越来越多的人开始思考一个问题——"我们的民族服饰到底是什么？"中华民族的历史源远流长，有着独树一帜的纺织、服装制作、首饰制造工艺，衣冠体系影响了整个东亚文化圈，可是进入现代社会之后，这些华美的服饰却一度销声匿迹，中国在国际舞台上的服饰形象由"旗装"和"唐装"来代表。"黄帝、尧、舜垂衣裳而天下治"，而我们华夏衣裳去了哪里呢？由此，汉服复兴的浪潮徐徐掀起。

随着汉服热的升温，越来越多的爱好者开始成立民间团体推广汉民族传统服饰。汉服组织如雨后春笋般建立，以"始于衣冠，达于博远"为契机宣传传统文

1　陈亚琴.探究现代汉服文化发展的趋势[J].东方藏品，2018（8）：21-23.

化。恢复汉服文化不仅仅是对中国服装体系的修缮，也是一场寻根之旅，更是对华夏文化的延续。[1]

汉服社团最早在线上孕育发展，稍后很快在线下形成相对稳定的团体组织。早期的汉服社团主要包括社会汉服团体、高校汉服社团、海外汉服团体这三种类型，后期随着汉服文化的日益大众化，汉服团体组织也变得更加多样化，除了上述三种汉服团体之外，还涌现了组织形式更加灵活的宣传团体。这些团体是承办、参与汉服活动的主体力量。汉服活动可以分成两种类型：第一种是以汉服为主体的宣传与推广活动，主要是汉服展示、汉服走秀，活动中的其他传统文化元素，比如古典音乐或舞蹈，都是为宣传汉服服务的；另一种则是与传统文化相关的各种主题活动，比如考古、文物、书画、茶文化等，这时汉服会作为一种重要的文化元素，使这些传统文化主题的呈现更形象、真实，更能还原历史的韵味。在这两种不同类型的活动中，都经常可以看到汉服社团的身影。

汉服社团基于性质不同，组织方式也有所不同。一般来说，以线上活动为主的汉服社团组织形式相对简洁，成员没有固定的分工，参与的人员也更广泛。而以线下活动为主的汉服社团相对而言则有更清晰的组织构架，比如有些社团趣味性地模拟中国自隋唐以来的中央官制，将社团的中坚力量分为"三省六部"，以此搭建社团架构。"三省"指的是尚书省、中书省、门下省：一般尚书省是汉服社的组织执行机构，有的汉服社把社长称为尚书令；中书省主管财务、人事和文件；门下省负责提出策划和建议。六部指吏部、户部、礼部、兵部、刑部、工部，分别具体负责招新、摄影宣传、才艺培训、后勤纪律等事务。无论是线上还是线下，汉服社团举办的活动大多包含以下内容：对外会定期展开汉服知识讲座、汉服制作与穿戴体验活动；对内则是举办日常出行、节日庆祝及传统乐器舞蹈教学等活动。这些活动大多是公益性质的，不以营利为目的，发起者与参与者的初衷也很单纯——以推动汉服文化发展为桥梁，促进传统文化复兴。

汉服社团是汉服运动的主体，经过一众社团的努力，互联网上的汉服团体蓬

1　"始于衣冠，达于博远"是汉服运动的主要开创者之一溪山琴况（汪洪波）提出的口号。——作者注

勃发展，主要阵地是汉网、百度汉服吧、豆瓣汉服小组等论坛。建立于 2004 年的百度汉服吧，发展至 2019 年 8 月 8 日，会员突破了 100 万人；到了 2021 年 8 月，百度汉服吧已经有了将近 120 万个会员。在新媒体的助力下，更多的人认识了汉服，汉服受众也不再限于年轻人，越来越多的爱好者通过个人的力量助推汉服发展，汉服的线下社团也纷纷得以组织建立起来，并呈现出不同的特色。比如 2006 年建立于北京的控弦司就是一个聚集了传统射艺爱好者的汉服团体，截止到 2021 年 8 月，控弦司在新浪微博上的账号已经有了超过 148 万个粉丝。

汉服运动的发展是曲折复杂的，在早期阶段，出现了有人借汉服的热度组织非法活动的事件。例如，"汉服王子"陈朕冰为自己贴上"汉民族文明道统法统正统继承人"的标签，通过网络杜撰虚假消息获得一批信徒，试图建立非法组织。这种情况遭到了媒体和大众的批评，给汉服运动也带来了许多负面的评价。这些负面评价虽然令汉服同好感到难过，但也同时为汉服运动敲响了警钟：汉服的复兴是一种在现代社会的价值立场上的文化创造，而不是对古代传统无原则、不加选择的模仿。因此，如何在尊重现代社会法则的基础上继承古典文化的精华，成了许多汉服社团关心与热议的话题。

第二节　国内的汉服社团

一、社会汉服团体

随着喜欢汉服的人逐渐增多，同好们开始期待有更多的交流活动，不同文化背景的同袍们在网络上聚集起来，建立了许多网站、论坛、贴吧等交流平台。这些平台建立了通信网络，汇聚了汉服相关资讯，凝聚了汉服爱好者的热情，使汉服圈层初具脉络。杨娜在《现代汉服：在重构中传承》一文中描述了这一过程："广大网民以汉服为纽带，在网络空间相互交流与熟悉后，在特定的地理空间中产生情感共鸣和归属感，逐步形成以汉服团体为核心的身份认同，共同推进所在地理空间的穿汉服行动，实现现实交往中的集体认同。"进而她也指出，在线上平台趋于成熟后，线下的社团群体也逐渐发展起来，不同地域和不同运营模式的社会汉服社团先后建立。2007 年 5 月，"汉服天下"由福州民政局正式核准登记，成为全国首个受到官方认可的汉服协会，此后各地陆续组建了地方性汉服社团，汉服活动开始参与到政府文化部门组织的传统文化宣传推广活动中。这些社会团体在汉服复兴运动中一直处于主力军的位置，是汉服复兴的中坚力量。[1]

（一）福建汉服天下

汉服天下成立于 2005 年，是福建省首家致力于汉服文化及相关传统文化推广活动策划执行的文化机构。

福州的汉服复兴运动兴起于 2003 年，那时，汉服天下现任会长、福州市传统文化促进会会长郑炜通过网络结识了一些志同道合的年轻人，他们共同致力于复兴汉服，让人们爱上传统文化。郑炜从小跟着接受私塾教育的爷爷、奶奶长大，一直接受着中华传统文化的熏陶，因此也对复兴汉服和传统文化有着强烈的期盼。在 2005 年，他们成立了汉服天下，一开始他们选择通过穿着汉服出行的方式来推广汉服，但这些汉服在当时人们的眼里就是"奇装异服"，他们也因此遭到了很多人的嘲讽甚至歧视，可是对于汉服和传统文化的这份热忱让他们依旧拥有斗志，并且找到了多种方式来宣传汉服，比如承办汉式传统婚礼、开展传统节日活动等。

2016 年 6 月 28 日，福建汉服天下文化发展有限公司成立，郑炜任法定代表人，公司总部设在三坊七巷光禄坊刘家大院，并在三坊七巷文儒坊创建汉服体验馆，同时在北京、柳州、深圳、泉州也设立了分公司，逐步推动汉服文化走上了更加大众化、商业化的道路，加大了宣传汉服文化的力度。

现今汉服天下主要以会员制为主要运营方式，会员缴纳会员费，即可享受社团会员福利，如：优先参与汉服天下举行的传统文化科普讲座、传统礼仪教学活动、传统生活体验活动等活动。汉服天下也负责承办传统活动仪式，如周岁祈福

1　杨娜.现代汉服：在重构中传承 [J].中央社会主义学院学报，2020（6）：149–156.

礼、开笔礼、成童礼、成人礼、婚礼、祭祀礼仪，同时开展传统节日文化活动、民俗文化节活动等业务。汉服天下在 2013 年举办了第一届"汉服文化节"，又在积累了前两届成功举办汉服文化节的经验的基础上，于 2015 年在福州市三坊七巷南后街展览馆举办了"海峡两岸汉服文化节"，获得了多家媒体的报道，在全国范围内进一步扩大了汉服天下的文化影响力。迄今为止，汉服天下已经连续举办多届"中华礼乐大会"，吸引了全国上百家汉服社会团体、海外团体及汉服推广者的积极参与，为汉服复兴运动提高了知名度，也赢得了诸多荣誉。[1]

2016 年，汉服天下获得"福州市非物质文化遗产传承示范基地"称号。2017年，由汉服天下策划的"三坊七巷汉服体验活动"，被评为"福建省首批省级优秀旅游产品"，是福州地区唯一获此殊荣的旅游项目。同年，汉服天下获得"福州市社会科学普及基地"称号，并凭借长期举办闽台文化交流活动的实绩，挂牌"台湾青年体验式交流中心"。汉服天下所举办的活动及其致力于继承和发扬优秀传统文化的精神，被《人民日报》《福建日报》等媒体报道，并两次被中央电视台《新闻联播》报道。

2018 年 8 月，汉服天下登上了纽约时代广场纳斯达克大屏幕，这是汉服文化走向海外的一个尝试。2018 年 11 月 16 日，汉服天下与德国汉文会、加拿大华夏馆签订战略合作协议，计划在德国、加拿大开设汉服文化体验馆，让更多的人领略到汉服和传统文化的魅力。郑炜认为，汉服文化不应该局限在国内，更应该走向海外，要在更广阔的舞台上展示中华优秀传统文化，大力推广中华优秀传统文化，增强文化自信与民族自豪感。[2]

（二）广州汉民族传统文化研习会

汉服运动在广州起步较早，规模也比较可观。李倩在《以广州汉服运动为例谈群众文化团队发展及管理》一文中追溯了汉服运动在广州起源及发展的历史。

1　刘佳静.新媒体语境下汉服趣缘共同体的建构：以汉服天下为例[J].新闻爱好者，2016（5）：67-70.
2　福州新闻网.福州市传统文化促进会会长郑炜：身体力行弘扬中华传统文化[EB/OL].（2021-8-4）[2022-2-8]. http://news.fznews.com.cn/dsxw/20181216/5c15971328dfa.shtml.

2004 年，广州白领白桑儿穿着汉服逛街，被媒体报道，据说白桑儿是在广州公共场合穿着汉服而被公众认知的第一人。从 2005 年开始，有更多的人因被汉服吸引而参与到这个运动中来，但这时广州的汉服活动还没有特定的组织者，处在自发、随意的状态。直到 2007 年，广东第一个汉服社团——广州汉民族传统文化研习会成立，广州才有了自己的汉服社团，而该社团的筹建者之一正是几年前勇敢穿着汉服上街的白桑儿。此后广州汉民族传统文化研习会"组建了汉民族舞蹈等兴趣小组，举办了元宵节、上巳节、端午节、中秋节等传统节日的节庆文化活动及集体读国学活动、护奥运火炬行动等。2008 年，广州汉民族传统文化研习会开始与政府合作，举行大型女子成人礼、七夕乞巧文艺演出等活动"。2011 年到 2013 年间，由于社团成员之间存在意见分歧，一些同好离开广州汉民族传统文化研习会，另外成立了岭南汉服文化研究协会、汉文会等团体。这之后广州汉民族传统文化研习会的创始人白桑儿和糖糖等协力重整旗鼓，通过广州市民政局批准登记，于 2014 年正式成立广州市汉民族传统文化交流协会（以下简称广汉会）。[1]

广汉会现有 8 个部门。综合部，负责人事、后勤及技术支持等方面的工作。学术部，主要研究汉民族传统文化的相关内容，并组织相关文化交流活动。财务部，负责财务相关方面的工作。活动部，负责全年活动的策划、组织及执行。文艺部，以艺术创作及表演等形式传播传承优秀的汉民族传统文化，管理广汉会下属的风雅颂艺术团。宣传部，主要负责广汉会相关活动的发布及对外宣传。外事部，主要负责广汉会所有对外合作及外事关系处理事宜。志愿者部，负责对外所有活动的志愿者安排和管理等工作。

广汉会是广州第一个独立的以复兴汉服、传承汉民族传统文化为宗旨的公益性社会组织。广汉会成立之后，举办了各大传统节日活动，同时结合互联网各大平台与媒介，积极宣传传统文化。我们在其官方新浪微博与微信公众号中能够查询到历年的年志，以及每年的盛大节日及活动科普宣传，如开笔礼、成人礼、开船礼、七夕及笄礼、中秋拜月等。同时广汉会也开发或合作宣传了很多传统文化

1　李倩. 以广州汉服运动为例谈群众文化团队发展及管理[J]. 大众文艺, 2014（11）: 40-41.

课程，例如广东非遗剪纸、射箭、汉服礼仪、书法、中国结编制等。

（三）汉服北京

汉服北京志愿服务协会（以下简称汉服北京）自 2005 年起在北京地区开展活动，2009 年 4 月正式成立管理团队。汉服北京以"振兴民族精神，弘扬传统文化，复兴华夏衣冠"十八字作为宗旨，立志要以汉服作为旗帜，实现复兴传统文化的目标。汉服北京以首都北京为主要活动地点，同时与全国的汉服同好分享关于传统文化的体验和举办活动的经验，在复兴汉服的道路上不畏艰难，砥砺前行。

2004 年 10 月，北京就曾举办过全国汉网网友的聚会。北京作为全国政治、文化中心，在汉服复兴运动中起到了关键性的作用。并且天涯在小楼、陈小沫、小丰、杨娜等人也都在北京居住或工作过，这也给北京的汉服复兴运动注入了强有力的血液。

但北京汉服复兴运动在初期遭遇了很多困难。北京举办的第一次汉服活动，曾被有些媒体形容为"寿衣上街"。后续进行的汉服活动，也时有被人举报污蔑为不良集会活动或是被歪曲报道的遭遇。最后北京能够举办大型汉服集会活动的就只有小丰所带领的汉服北京团队。2008 年 5 月百度汉服北京吧正式建立，北京的汉服复兴运动开始步入正轨。[1]

2009 年，北京汉服团队开始了组织化的进程，汉服北京正式成立，成为北京唯一一家大型汉服社团。截止到 2019 年，汉服北京已举办过 438 次活动，累计 17186 活动人次，线下影响了 40 万到 50 万人。而现在的北京汉服团队依靠各大新媒体平台，在汉服复兴运动中非常活跃。[2]

（四）东莞汉服社

东莞汉服社成立于 2007 年 12 月，在东莞本地举办了诸多线下汉服活动，如

---

1 汉服网. 北京为啥这么多人穿汉服？一篇好文告诉你！[EB/OL]. (2017-6-30)[2023-2-8]. http://23hanfu.com/17107.html.

2 汉服北京. 穿汉服，能干什么？汉北用 10 年来回答[EB/OL]. (2019-4-6)[2023-2-8]. https://www.sohu.com/a/306370271_275753.

汉婚礼、开笔礼、拜师礼、成人礼，以及古琴表演、古代歌舞表演、投壶射艺表演等各类与传统文化有关的活动。

东莞汉服社在建社 10 个月后加入了东莞阳光网，进一步加大了社团活动的宣传力度。截至 2015 年 1 月，建社 7 年的东莞汉服社已经拥有了近 1000 名社员，其中活跃社员已达到 100 多人。而到现今，东莞汉服社依旧采用与本地网站及公众号合作的方式来推广宣传社团活动。现在的东莞汉服社主要依托于"东莞本地宝"网站及"东莞本地宝"公众号，在"东莞本地宝"网站内的"休闲娱乐"分区经常能看到"汉服东莞××节活动介绍"的帖子，其中包括活动时间、活动地点、活动报名联系方式，以及详细的活动流程表等信息，在"东莞本地宝"公众号上也能查询到该活动的具体信息。

东莞汉服社社长冯超杰，是理工科出身的男性，本职从事软件维护，非常喜欢传统服饰和传统文化。他第一次接触到与汉服相关的事件是在 2001 年。这一年APEC 会议在中国上海举行，与会各国领导人身穿唐装的合影引发了公众热议。讨论中许多人，包括一些官媒，把唐装称呼为中华民族传统服装。唐装虽然加入了中国传统服饰的元素，但却并不算是原汁原味的中国传统服饰。由此引起了许多人的好奇心，中国传统服饰到底是什么样子的？冯超杰也由此开始了自己探索汉服的旅程。他找到了沈从文的《中国古代服饰研究》开始研读，开始了解到中华民族在历史发展过程中原来曾经有过那么多美好的服饰，由此他以"岂曰无衣"为网名，开始进行古代服饰的研究。

而真正使他萌生参与汉服复兴运动的契机发生在毕业后。那时在全国不少地方都已经有汉服圈活跃的身影。冯超杰也想在自己工作的东莞找到同好，于是到汉服网发帖召集，但并没有人回应他的召唤。他想找网店买汉服穿，但是却根本找不到中意的汉服，那时网店的汉服大多数是"影楼装"，根本不符合史实，做工粗糙，也很贵。于是他决定做汉服，自己查资料，设计，买布料，做裁剪，之后找人缝纫。但又遇到了新的困难："那些老板要么觉得复杂，不敢接单，要么认为是寿衣，觉得不吉利，所以不做。"这种情形让冯超杰觉得不可思议，但更激发了他对汉服的热情，使他坚定了用汉服弘扬传统文化的理想。[1]

2007 年，两名汉服同好"玖伍贰柒"和"泪零"与冯超杰共同努力，建立了东莞的汉服论坛，从此开始吸引更多同好加入，策划组织各种汉服活动。最初他们组织的活动是祭奠袁崇焕。2007 年 12 月 2 日，东莞汉服社成员，连同广州、佛山、深圳等地赶来的汉服同好，前赴袁崇焕庙进行祭祀。尽管当时汉服社成员都是第一次参加古祭祀礼，但是他们查阅了能找到的资料，并严格按照既定礼仪进行祭祀。这次汉服祭祀得到了媒体和学者的关注，中国社会科学院社会学研究所研究员石秀印对此评论说："在日益全球化的今天，我们应对国学抱一种扬弃的态度，只有迎合世界潮流、促进社会发展的东西才是有益的、应该继承和发扬的。那些致力于推崇汉文化的青年人的做法代表了一部分人对于中国传统的尊重，也意味着现代的年轻人越来越注重营造自己的精神世界。""'国学热'也从一个侧面反映了现代社会为年轻人创造东西的贫乏。在现代社会中，他们不能找到太多符合自己的东西，便开始着迷于一些古老的、传统的东西。"[2]

初次活动的顺利举办给了他们更多勇气。之后，东莞汉服社围绕传统节日组织了更多活动。这些活动包括农历三月上巳节的植物园郊游、端午节的划龙舟、七夕节拜牛郎织女、中秋节拜月、重阳节登高插茱萸等。此外还参加了东莞文博会、东莞南国书香节、莞香节等大型活动。经过 5 年多的努力，东莞汉服社在 2013 年于东莞市民间组织管理局登记，获得了"合法"身份的东莞汉服社成员们非常乐观，认为东莞汉服社的发展速度之快，可以在全国汉服社团中排进前 10 名。[3]

1　荣建华. 冯超杰和他的汉服复古梦 [N]. 东莞时报，2009-8-7.

2　何永华. 16 网友着汉服祭拜袁崇焕 祭祀过程庄严肃穆（图）[EB/OL]. (2015-1-13)[2023-2-8]. http://news.sohu.com/20071204/n253778449.shtml.

3　与子同裳. 复兴中华传统服饰 东莞汉服爱好者在努力 [EB/OL]. (2015-1-13)[2023-2-8]. http://www.aihanfu.com/wen/343-2/.

二、高校汉服团体

目前，社团活动在高校越来越普及，高校社团种类丰富，吸引兴趣爱好不同的学生加入，团中央做过的一项调查显示，"有 59.7% 的大学生参加了校内社团，平均每人参与的社团数为 1.8 个"[1]。而汉服社团正是高校社团当中非常活跃、对在校生非常具有吸引力的一类团体。年轻人是汉服运动的主力军，而高校是年轻人集中的地方，越来越多的学生在学校接触到汉服并加入汉服社团，从而进一步与其他专业性强的组织对接，支持汉服复兴，为汉服运动不断输送新鲜血液。

（一）中国传媒大学子衿汉服社

全国高校汉服社团里人数最多、名气最大的汉服社团——中国传媒大学子衿汉服社（见图 3.1）成立于 2007 年，由最初的几个人，发展到今天的几百人，其以衣冠为本，以传统文化为翼，以"青青子衿着我汉家衣裳，悠悠我心承我华夏文化"为社团宣言口号，以"不做作，不偏激"为宗旨，诚实做人，踏实做事。在传统节日中，子衿汉服社受百度汉服北京吧邀请，与汉服同袍联谊游玩或在校内举办雅集活动，如：端午节祭上的点朱砂、抹雄黄、编五彩绳、斗蛋；七夕乞巧节上的穿针、投针、吃巧果、女拜织女星和男拜魁星……上巳女儿节、中秋团圆祭、中元鬼节也都会举办与节日相称的活动。他们更是在《汉服春晚》大放光彩，2012年的时候他们准备排演了《明制射礼》《汨罗魂》《佳人曲》三个不同类型的节目，凭借自身的多样化尝试得到快速成长。

图3.1　子衿汉服社社团标志

1　杨连生，胡继冬.大学生网络社团问题探析 [J].教育探索，2012（4）：72-75.

（二）武汉大学珞源国学社

武汉大学珞源国学社在 2007 年成立，同时也是全国第一家由高校学生成立的区域性国学社团联谊组织——湖北高校国学联盟的四家原始发起单位之一。社团宗旨是"为天地立心，为生民立命，为往圣继绝学，为万世开太平"，基本理念是"博学审问慎思明辨，以光大国学为己任；自强弘毅求是拓新，以有为将来而后图"，由此彰显社团致力于研究国学、弘扬国学、传播国学、复兴国学的决心。"珞"，取自珞珈山，指代武汉大学；"源"，源头、发展之意。名称解为：珞珈山下的武大学子，将环聚在国学社周围，汲取国学之源头活水，求得国学之细水长流。国学社还面向全校发行学生刊物——《珞源》，重在发扬薪火相传的理念，希冀自己的学生树立修身齐家治国平天下的远大理想。珞源国学社设有四个部门——秘书处、活动部、学术部、讲坛部，负责义教、晨读、珞源名家讲坛、读书会等固定活动的展开。与其他社团相同，珞源国学社会在每年孔子诞辰、端午节等筹办释菜礼、祭祀屈原、祭孔等古礼活动，传承历史、缅怀先贤。珞源国学社通过这些行动，教学相长，从学生的角度出发传播国学，使国学扎根于学子心中。同时，珞源名家讲坛立足武汉大学，始终坚持其学术性、思想性，业已成为湖北省内及武汉大学校园知名的品牌性国学讲座，在校内外颇具影响力，受到社会各界的一致好评。[1]

（三）华农南蓁汉服社

华农南蓁汉服社于 2008 年成立，曾用名华农汉服协会，后取《诗经·周南·桃夭》中"其叶蓁蓁"的诗句，于 2014 年正式更名为华农南蓁汉服社。南蓁汉服社通过汉服这一载体，宣传汉服知识和传统文化，下设有六个部门——东阁、礼部、通宣、文苑、尚工、汉舞、汉乐，负责管理日常事务与开展活动。社团的精品活动有复原成人礼、汉乐音乐会，特色活动有汉服知识交流会、传统佳节庆典、文化专题活动、招新摆摊、会员大会、社团嘉年华、一日博物馆、汉服出游外拍等。

---

1 荣建华. 冯超杰和他的汉服复古梦 [N]. 东莞时报，2009-8-7.

南薰汉服社的办社目的是，希望热爱传统文化的同学能在这里找到同好和归属感，让精神生活变得更加丰富多彩。

（四）重庆理工大学国学社

重庆理工大学国学社成立于 2011 年 3 月，定位为以学习、交流和弘扬国学为目的的学生社团，理念为"伫中区以玄览，颐情志于典坟"，宗旨为"为天地立心，为生民立命，为往圣继绝学，为万世开太平"，设有办公室、财务部、学术部、编辑部、新闻宣传部，成立了礼学组、史学组、诗歌组三个学术小组，日常开展知之读书会、静湖晨读、国学讲堂等活动。在静湖晨读活动中，社员会穿着汉服，手持经典精心诵读，身心都沉浸在浓厚的传统文化氛围中。春日花朝节，同伴们会一起着春装赏花；秋天则咏诗赏月。不少社员都多才多艺，在古典音乐和书法方面有不俗造诣。

虽然国内许多大学都建立了汉服社，但有影响力的高校汉服组织却是少数的。由于高校第一与第二课堂割裂、不被重视、资金匮乏、自身建设程度低、参与度低、专业性弱等问题，大多数社团面临着作用减弱的发展困境，这就与打造宣传优秀传统文化社团的目标相悖，越来越多的社团流于表面。[1] 而只有解决这些存在的问题，才能更好地培育国学人才，提高当代汉服运动质量。首先要加强专业老师与社团之间的联系，老师在提供理论指导的同时也能为社团介绍一些校内或社会上的优质资源，助力社团的发展。[2] 珞源国学社就提供了相当宝贵的经验，珞源国学讲坛曾邀请过文化史家冯天瑜、哲学史家郭齐勇、京剧表演艺术家王志怡、书法家钟鸣天、画家鲁慕迅、文学评论家樊星、全国人大代表叶青、百家讲坛嘉宾李敬一等大家名师为学子传道授业。[3] 其次要利用好数字资源，提升学生社团协

1　胡敏，余晓燕，梁芷晴.高校学生社团传承发展中华优秀传统文化探析 [J].广东青年职业学院学报，2019，33（4）：88-94.

2　沈沙沙，郑晗，陈静锋，等.关于高校国学类社团发展的可行性建议：以杭城两所高校为例 [J].读书文摘，2017（8）：115.

3　青青珞珈.【珞源国学社】社团介绍之武汉大学珞源国学社 [EB/OL]. (2016-8-23)[2021-6-4]. https://www.sohu.com/a/111740035_355700.

同程度，加强传统文化的学习能力，增强活动的趣味性，借用各宣传平台的优势，充分动员学生加入。最后，学校还可以设立考评制度，为社团的优秀活动提供资金支持，有利于激发学生的创新力，在学生自身积极开展社团活动的同时起到辅助和监督作用。

第三节　海外汉服团体

随着经济实力的日益提升，文化生产力的不断增强，中国有信心击破世界对中国传统文化的刻板印象，展示出多维度、多层次的立体形象。功夫和瓷器这些被其他国家所熟知的中国元素，远远不能展现中国传统文化的全貌。同时，被多次用来代表中国传统服饰的旗袍和唐装，也只是中国服饰文化的冰山一角。实际上，中国传统服饰种类繁多，所包含的美学意象和文化内涵也远比人们想象中的丰富。特定时期的服饰往往反映了这一历史时期的人文风俗、思想生活，使我们直观了解到当时人们的精神风貌。将汉服打造为新的文化符号向海外传播，能够使世界了解中国历史的源远流长，了解到中国文化的丰富性和多元性。

海外汉服传播的主体是留学生群体。对于海外学子来说，他们在异国他乡容易感到隔阂与孤独，汉服所蕴含的文化底蕴，汉服社团成员之间的支持与互助使他们感到温暖、获得慰藉，于是他们主动承担起传播者的责任。例如，演员徐娇就是一名汉服爱好者。她在美国留学期间，致力于将汉服现代化，经常会穿着汉服或带有汉元素的服装出席各类重大场合。例如，她在毕业典礼上就选择穿汉服来弘扬中国文化。因此就在汉服运动在国内兴起的同时，国外的留学生也成立了汉服社团，将汉服带到了纽约、悉尼的街头。

在这样的背景下，海外汉服社团纷纷成立。海外汉服社团的创始人在国内期间也是汉服运动的活跃力量，他们出国之后创立汉服组织吸引更多留学生加入，将汉服的影响力版图进一步扩大。最先响应国内汉服运动的是创建于加拿大的多伦多汉服复兴会，这是第一个海外汉服社团，它的成员包括钱元祥、严杰等人。

2006 年 8 月 17 日，多伦多汉服复兴会举办了华夏传统女子及笄礼，这是第一个在海外举行的成人礼，弥足珍贵。除此以外，社团成员多次响应国内热点事件，为祖国积极发声，表达了海外同胞心系故乡的态度。汉服漂洋过海而去，唤起了一大批游子的民族心，人在家在国在，落地生根，绽放光彩。

目前，截至 2019 年 9 月，海外汉服社团的数量合计达到 41 家，从亚欧大陆到美洲、大洋洲都留下了汉服组织社团的足迹。按照区域内现有社团数量从低到高依次为：大洋洲 5 家，亚洲 10 家，美洲 11 家，欧洲 15 家。[1] 按照地域分布，笔者将海外汉服社团名称汇总如下（见表 3.1，图 3.2）。

表 3.1　海外汉服社团汇总

所在地区	社团名称
欧洲	欧汉协会、英伦汉风社、法国博衍汉章传统研习会、德国华夏文化研习与交流协会、拜罗伊特汉文化交流协会、巴斯学联汉服文化社、埃克赛特大学汉文化社、比利时华风汉服协会、荷兰汉服、巴塞罗那非鱼堂汉服社、伊比利亚汉服社、意大利艾荷汉服社、米兰舜华汉服社、北欧汉服社、丹中汉服文化交流协会
美洲	多伦多华夏汉服文化社、加拿大拾一叶汉服文化、加拿大蒙特利尔灵枫汉服社、温哥华汉服学社、康考迪亚大学汉服社、DC 扶摇汉服社、美国南加州汉服协会、纽约汉服社、故人来长岛汉服社、加利福尼亚大学圣克鲁斯怀明汉服社、阿根廷天南汉家汉服社
亚洲	Japan 汉服会、日本汉服社、京都流光幕华汉服社、汉风唐韵中华传统文化日本促进会、马来西亚华夏文化促进会、马来西亚汉服运动、韩国中华汉韵社、古晋汉服社、新加坡汉文化协会、印度尼西亚中华传统文化协会
大洋洲	阿德莱德汉韵华裳汉服社、悉尼汉服同袍会、悉尼大学华夏文社、墨尔本大学汉服社、新西兰汉衿兰韵汉服社

1　汉服地图. 2019 版《全球汉文化团体统计调查》（正式版）[R/OL]. (2019-8-12)[2023-2-8]. https://www.bilibili.com/video/av63369802.

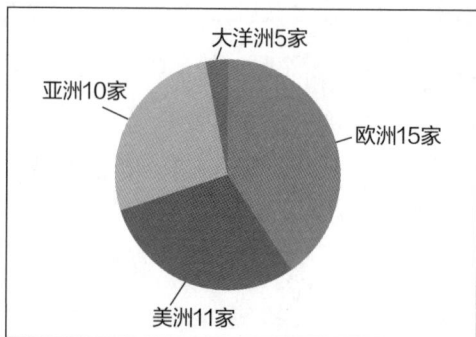

图3.2　2019年海外汉服社团分布

一、英伦汉风社

在众多的海外汉服社团中，英伦汉风社（见图3.3）是成立较早、组织稳健、影响力较大的一个团体，因此本书将以英伦汉风社为例介绍海外汉服社团的发展运行。

英伦汉风社成立于2008年9月，位于英国伦敦，是一家已经在当地政府注册的非营利性组织，是获得当地政府认证的合法在册机构。英伦汉风社致力于面向全欧洲推广汉服，在海外传播中国传统文化，促进东西方文化观念的交流。

图3.3　英伦汉风社第一次活动在英国博物馆合影[1]

1　杨娜.汉服归来[M].北京：中国人民大学出版社，2016年，第251页.

（一）人员构成

笔者通过互联网搜索并梳理相关问卷数据与访谈内容后发现：从社员的年龄分布上看，英伦汉风社成员大多为20岁至30岁，少数为10岁至20岁，10岁以下、30岁以上的人群在社群中只占据着极小的比例。从性别上看，社团中女性社员的比例达到了65%至70%，男性数量只有女性数量的三分之一左右，且社团性别构成常年稳定在这样的比例。同样，事实上，不只海外的汉服社团，这也是许多国内的汉服社团正在面临的一个问题：女多男少，男女性别比失衡。从职业上看，社团成员主要为学生，尤其是在英求学的留学生，本地学生极少，当初社团的创始人也多为在英留学的学生；除留学生外，社团成员还包括少数的社会在职人员，以及家庭主妇和自由职业者。从所属族群来看，社团成员大多是中国人，主要为汉族人，还包括极少数量的少数民族人士；其次为华裔，也有个别英国"土著"加入。

从以上数据不难看出：英伦汉风社成员的年龄、性别、职业、族群都呈现出同质化、集中化的构成特点。

（二）运行管理模式

从运行管理模式上看，英伦汉风社具有稳定的组织、明确的制度。

海外的汉服社团，尤其是像英伦汉风社这种以青年留学生为主要组成部分的汉服社团，几乎每两到三年便要"换一次血"，较高频率的人员流动使社团面临内部成员结构不稳定的问题。因此，科学的团队建设理念、规范的团队规章制度、组织化和制度化的运行和管理模式对于社团的发展极其重要。

英伦汉风社也十分注重社团组织框架的建构和规章制度的设立。在内部组织结构方面，英伦汉风社现设有理事会，其中包含会长、副会长、部长、理事长、理事、英国各地分部负责人和国内各地分部负责人等，主要负责策划、宣传、审计及摄影摄像等事宜；其余部门则依据主题衍生出不同的兴趣小组，如汉舞兴趣小组、武术兴趣小组、国学研读兴趣小组、簪笄制作小组、美食小组等，这些小组分工不同、各展所长、各司其职，使得英伦汉风社得以有序运行。[1]

例如英伦汉风社汉舞兴趣小组成员不仅学习中国古典舞蹈，还将其与西方的舞蹈元素融合起来，编创出中西合璧的新型舞蹈作品，让中国的舞蹈艺术在西方世界里展现出别样风采。同时，它还与其他的艺术组织或舞蹈社团合作，共同开设舞蹈班，面向社会招生，吸引喜爱汉舞、古典舞的人来更多地接触和了解中国古典舞与汉文化。如2018年春季他们携手SOAS亚非学院音乐社与英中表演艺术学校共同创办了英伦汉风协会2018年春季舞蹈班（见图3.4），教授芭蕾基本功、古典舞基训课、古典舞身韵课和成品舞。舞蹈作品有经典水袖古典舞《踏歌》《采薇》《水月洛神》《玉人舞》，广袖古典舞《贵妃醉酒》《礼仪之邦》，舞剧片段《杜甫丽人行》《飞天》，以及民族民间舞《傣家小妹》等。

图3.4 舞蹈班练习[2]

学成之后，学员们还有机会在晚会上登台表演（见图3.5，图3.6），比如社团成员和学员曾经参加过2014—2016年的四海同春、全英春晚、牛津春晚、剑桥春晚、伯明翰春晚、学联国庆等晚会。第一届中西精英俱乐部曾与英伦汉风社合办庆中秋公益晚会。此外，社团还参与过电影《僵尸先生漂流记》的拍摄。

1　英伦汉风社.关于我们[EB/OL]. (2018-10-23)[2021-6-5]. https://mp.weixin.qq.com/s/A_PUyQWimjj GPQXdbmA3BQ.

2　英伦汉风艺术部.舞蹈班2018春季班报名火热进行中[EB/OL]. (2018-2-8)[2023-2-8]. https:// mp.weixin.qq.com/s/Y1bPF3DHhmHsUgPRo6m-cQ.

图3.5　2018年中秋公益晚会表演[1]

图3.6　2018年中秋公益晚会表演[2]

杨娜在其所著《汉服归来》一书中也提到：在2009年的巡游活动结束后，英伦汉风社的创始人之一——彭涛便立即将大量的精力投入团队的内部组织建设中，包括拟写团体组织章程、选举理事会成员、推进互联网平台账号发展等，以期这里的汉服运动能不断地延续下去。而正是这一关键性团队建设理念的提出，为英

1　英伦汉风.【英伦汉风】2018 婉秋·月舞中秋公演回顾[EB/OL]. (2018-10-22)[2023-2-8]. https://mp.weixin.qq.com/s/Cs6DLQgfnWbLqOLLwhU7dg.

2　英伦汉风.【英伦汉风】2018 婉秋·月舞中秋公演回顾[EB/OL]. (2018-10-22)[2023-2-8]. https://mp.weixin.qq.com/s/Cs6DLQgfnWbLqOLLwhU7dg.

伦汉风社确立了能够实现可持续发展的汉服社团的定位，让社团具备了一套可以延续、发展下去的组织框架和章程制度。[1]

（三）社团服装

对社团成员所穿着的汉服，理论上不强调特定的朝代形制。但是就现实状况来说，明制在社团内比较受欢迎。这一方面是因为明朝距离当下时间较近，可以找到的参考资料多，衣物购买渠道多，能够打造出形制更加完备的形象；另一方面也是因为社团中的一些活跃人物喜欢穿明制，引发了许多成员仿效。社团汉服的来源主要为淘宝或厂家。由于在海外寻找合适的面料和工具比较困难，劳动力成本和时间成本都比较高，又缺乏相应的制作技艺，海外汉服爱好者自己动手制作汉服的比较少。[2]

（四）社团活动

在社团发展前期，英伦汉风社与其他的大多数海外汉服社团一样，主要以节日为节点身穿汉服进行雅集、聚会和巡游。这类活动多是由团体自主发起、举办和推进的。如2012年的元宵节在伦敦的特尔法加广场举办聚会、巡游活动，社员们除了向路人展示汉服的风采，还进行了挂灯笼、猜灯谜、放烟花、吃元宵等元宵节的传统活动。在活动进行期间，吸引了土耳其电视台的记者对社团成员进行采访。

再如，社团于2018年中国新年之际与中国站一起联合举办了一次别开生面的庆春节活动（见图3.7），社员们进行了中国古典舞蹈和服饰的展示（见图3.8），对在场的参与者介绍了汉服历代形制的历史与特色，还帮助他们体验试穿汉服（见图3.9）、进行礼仪和舞蹈动作的学习等（见图3.10）。自2008年成立以来，英伦汉风社已经策划和举办了几十场各种传统节日仪式和纪念活动。

1　杨娜.汉服归来[M].北京：中国人民大学出版社，2016年，第250-251页.

2　孔德瑜.汉服海外传播分析[D].济南：山东大学，2016年.

图3.7　社员在活动中表演古典舞[1]

图3.8　社员向观众展示东汉襦裙的穿法[2]

1　英伦汉风. 50 名中外汉服爱好者共同庆祝戊戌春节 [EB/OL]. (2018−3−6)[2023−2−8]. https://mp.weixin.
　　qq.com/s/tF0EIhe2_sHzFbr−u−i3YQ.
2　英伦汉风. 50 名中外汉服爱好者共同庆祝戊戌春节 [EB/OL]. (2018−3−6)[2023−2−8]. https://mp.weixin.
　　qq.com/s/tF0EIhe2_sHzFbr−u−i3YQ.

图3.9　活动参与者试穿汉服[1]

图3.10　一起学习中国礼仪和舞蹈动作[2]

1　英伦汉风. 50名中外汉服爱好者共同庆祝戊戌春节[EB/OL]. (2018-3-6)[2023-2-8]. https://mp.weixin.
　　qq.com/s/tF0EIhe2_sHzFbr-u-i3YQ.
2　英伦汉风. 50名中外汉服爱好者共同庆祝戊戌春节[EB/OL]. (2018-3-6)[2023-2-8]. https://mp.weixin.
　　qq.com/s/tF0EIhe2_sHzFbr-u-i3YQ.

随着英伦汉风社的不断发展，经过社员们的探索与行动，社团的活动内容与形式逐渐由单一走向多样。目前，社团的活动包括了传统节日（上元节、花朝节、上巳节、端午节、中秋节等）活动，参与和组织的各种汉文化讲座，排练传统舞蹈，组织合唱活动、参观游览，为即将来到英国的同仁提供留学指导和行前指南，拍摄中英文化相结合的微电影，穿汉服介绍英国的著名高校、风景名胜等，将汉服融合到各种文化与公益活动中去。除此之外，社团还定期举办汉服聚会[1]，比如每月不同主题的雅集，包括古典妆容与发型雅集、品茶占花名雅集、古琴雅集、诗词雅集等。

在发展过程中，英伦汉风社的活动模式也从"单打独斗"渐进到"寻求合作"。英伦汉风社最初的活动主要由社团独立发起、举办，但随着视野的扩大和经验的积累，社员们逐渐意识到与其他组织和社会力量交流、联合的重要性。

2013年，网络红人璇玑帮助英伦汉风社挂靠至英国中华传统文化研究院，推动社团走向了一个新的高度：社团有机会参加更多的海外华人活动，不再局限于往日社团的内部讲座和交流。此后，几乎在每一年全英学联的新春晚会上，都能看到英伦汉风社成员的身影。[2] 他们还积极与英国当地的孔子学院开展合作，参与了由孔子学院牵头举办的传统文化的展示、表演、巡讲等活动。

除此之外，英伦汉风社又全力与其他的海外汉服社团保持联系和交流，共同致力于中国汉服文化在世界范围内的传播。如2020年12月26日于线上举办的第二届海外汉文化传播交流论坛，英伦汉风社、德国华夏文化研习与交流协会、法国博衍汉章传统研习会、韩国中华汉韵社等来自五大洲的24个社团，与中国传统文化促进会一起开展了对不同地域汉文化发展路径的讨论，共同谋求全球汉服社团未来的团结发展之路。[3]

1　英伦汉风.关于我们[EB/OL]. (2018-10-23)[2023-2-16]. https://mp.weixin.qq.com/s/A_PUyQWimjjGPQXdbmA3BQ.

2　杨娜.汉服归来[M].北京：中国人民大学出版社，2016年，第253页.

3　汉服资讯.汉服发展，全球同袍同奋进，25家海外社团，第二届海外汉文化传播交流论坛成功举办. [EB/OL]. (2020-12-29)[2023-2-8]. https://www.bilibili.com/read/cv9047172/.

（五）媒介渠道

英伦汉风社传播所用的媒介大致可被分为两类：传统媒体和新媒体。目前英伦汉风社在传播媒介的选择与使用方面呈现出以新媒体为主，两类媒介结合使用的特点。

在传统媒体上，英伦汉风社多采用与当地报纸、电视台合作的方式，吸引媒体对活动进行报道，从而达到间接传播汉服文化的目的。在新媒体的使用方面：对内，成员间大多使用国内的社交媒体软件，如微信、QQ等相互联络，与英国当地的华裔交流则更倾向于使用Facebook等软件；在对外推广宣传上，英伦汉风社媒介渠道主要为微信公众号（英伦汉风）、新浪微博（英伦汉风）、Instagram（ukhanculture）、Facebook（UK Han Culture Association）、百度贴吧（英伦汉风吧）等。

（六）受众

英伦汉风社的传播受众主要包括当地"土著"、华裔、中国留学生、华侨等。当地民众本来对汉服比较陌生，但通过浏览网页、参与活动等途径接触汉服文化后，有些会对汉服文化产生好奇与喜爱；一些曾在中国有过留学经历的英国人出于对中国古典文化的热爱，关注着汉服文化，积极主动地参与到社团的活动中。

近年来，中国经济迅猛腾飞，中国国际地位和影响力迅速提高，这使得海外中国留学生、华侨群体的民族自豪感更加强烈。身在海外的他们比国内的民众更需要民族认同感的支持，而穿着汉服、参与汉服相关活动则成了他们凸显民族身份的重要途径。由此他们积极学习中国传统文化，关注、支持并推广汉服文化。根据新浪微博等社交媒体收集的数据，汉服在海外的接受度反而高于国内。近年来，国务院侨务办公室，以及海外当地的侨团组织开办了许多汉服礼仪体验活动，获得了在外华侨的大力支持与参与。目前，由于文化内核与接受程度的差异，英伦汉风社的主要传播受众和目标群体依旧是中国留学生与华侨，英国"土著"只占据了极小部分的比例。[1]

1　孔德瑜.汉服海外传播分析[D].济南：山东大学，2016年.

二、其他海外汉服团体的活动

为了获得支持和扩大影响力，与英伦汉风社一样，许多其他海外汉服社团也经常与孔子学院展开合作、协同活动。在悉尼，孔子学院邀请悉尼的汉服社团成员进行过多种形式的表演；在巴西的伯南布哥大学，汉服社团与孔子学院联合举办过中国传统服饰专题的文化沙龙，汉服爱好者们让巴西人民体验到汉服的魅力；在俄罗斯与英国等国家，汉服社团与孔子学院一起进行剪纸、书法等特色文化展示。

海外汉服社团另一个特色是会不定期举办开放式活动，比如他们会走上街头介绍汉服，在广场、公园等地方穿汉服进行乐器演奏、歌舞等传统才艺表演，扩大海外民众对汉服的认知。特别是在日本与韩国的街头，汉服爱好者会宣讲汉服与和服、韩服的不同，使我们的传统服饰在国外也能被正确识别。

在海外同袍的努力下，汉服社团争取到了更多的资源和助力。2014 年 6 月中旬，加拿大多伦多礼乐汉服社成立，这是第一个由加拿大联邦政府承认的非营利性汉服组织，由此可以看到海外汉服运动弘扬民族文化的立场所获得的社会支持和肯定。

大洋洲的悉尼汉服同袍会则凭借自己惊人的组织能力与新奇脑洞将汉服带出圈，他们在新中国成立 70 周年时在悉尼街头穿汉服齐唱《我和我的祖国》，令外国友人纷纷驻足欣赏衣袂飘飘的汉族风雅。汉服的复兴运动是中华民族的繁荣富强的最好证明，"祖国在身后"使汉服爱好者在异国他乡也能堂堂正正展示中华儿女的身姿风采。此次活动被拍摄后获得国内外各大网络媒体平台的报道和关注，引起无数网友的动容，5000 年的民族文化终于在世界各国人的眼前大放光彩。

法国博衍汉章传统研习会与普通的汉服组织略有不同，其宗旨为凝聚具有相当学术水准的中华经典文化爱好者，致力于推广与研习中国经典汉文化，对其文化内质进行探求和重构。正如名字一般：遍历文化之广度与深度，谓之博；与时俱变之生命力，谓之衍。格物致知，知行合一，生生不息，谓之博衍。法国博衍汉章传统研习会拥有欧洲诸社团中最庞大的分支机构，孜孜不倦地传播中华文化，积极与中国驻法国里昂总领事馆合作，开展各项活动，让各国人民对中国的文化印象有新的认识。[1]

随着中国国际地位的提高，在汉服爱好者的努力下，汉服逐渐在海外成为一抹亮色。2021年5月，天猫海外发布的国货出海年度品牌榜中出现了汉服商家，虽受新冠疫情影响，汉服出海销量却逆势增长超20%，知名品牌十三余出海的成交额年增长158%，被评为国货出海十大新品牌之一。[2] 由此可见，汉服在海外传播过程中已经出现了大批稳定受众，社会各界都在加深对汉服文化的认识。

1　泛欧旅法头条.汉服|4月20日 巴黎人间四月天，樱花下，华夏盛唐汉服还你千年[EB/OL]. (2019-4-17)[2021-6-4]. https://www.sohu.com/a/308394299_764031.

2　中国网.天猫海外：汉服在海外兴起，出海销量逆势增长超20 % [EB/OL]. (2020-8-3)[2021-6-4]. https://new.qq.com/omn/20200803/20200803A0G4GH00.html.

第四章　一衣带水：汉服与古风圈

汉服圈的发展，除了汉服同袍的努力外，也离不开其他喜爱中国传统文化的群体的助力。这些群体包括古风音乐、古风游戏及古风小说的创作与爱好者。

第一节　古风音乐与汉服

所谓古风音乐，指那些运用了中国古典音乐元素及民族音乐元素创作出来的流行音乐。古风音乐偏爱中国传统乐器，歌词向古典诗词学习，经常会借鉴传统戏曲的调式。在审美风格上追求飘逸洒脱、典雅秀丽的意境，与中国传统诗歌和绘画一脉同源。

汉服同袍多是古典文化爱好者，除了衣饰之外，也醉心于其他古典艺术形式，因此古风音乐的爱好者和汉服同袍在很大程度上重合。古风音乐人在演奏和演唱自己的作品的时候，经常会穿着汉服出镜；而汉服圈的各类活动，包括汉服走秀、才艺展示、书画雅集，也经常会选取古风音乐作为背景音乐。

一、古风音乐社团

比较有影响力的古风音乐社团有成立于 2007 年的墨明棋妙原创音乐团队，成立于 2009 年的鸾凤鸣原创音乐团队和成立于 2014 年的满汉全席原创音乐团队。

其中最为活跃、粉丝最多的是墨明棋妙原创音乐团队。

墨明棋妙原创音乐团队的主要成员有音乐制作人EDIQ、丢子、茶少、河图，乐器演奏乍雨初晴、猛虎蔷薇、老赵、EZ-Ven、周小航、弹棉花的GG、米子，演唱者绯村柯北、不纯君、流月、清弄、Aki阿杰、董贞等人。这些成员的职业原本大多与艺术没有什么相关性，他们是出于对音乐的热爱才聚集到了一起。

2007年1月6日，由EDIQ作词，采用霹雳布袋戏原曲制作的古风音乐《盛唐夜唱》走红网络，趁着这个契机，音乐制作人丢子通过网络召集了一批喜爱中国古典音乐的同好组建了墨明棋妙原创音乐团队，共同创作和分享古风音乐。墨明棋妙原创音乐团队的代表作品有《倾尽天下》《如梦令》《墨宝金陵·秦淮夜》等歌曲，它们因音乐委婉动听、歌词雅致且富有故事性而被网友喜爱。

比如由Finale作词，河图作曲、编曲并演唱的《倾尽天下》，就讲述了一位末代皇妃与末代皇帝及新朝开国皇帝之间的感情纠葛。歌词写道："刀戟声共丝竹沙哑，谁带你看城外厮杀/七重纱衣，血溅了白纱/兵临城下六军不发/谁知再见已是生死无话/当时缠过红线千匝/一念之差为人作嫁/那道伤疤，谁的旧伤疤/还能不动声色饮茶/踏碎这一场盛世烟花/血染江山的画/怎敌你眉间一点朱砂/覆了天下也罢/始终不过一场繁华/碧血染就桃花/只想再见你泪如雨下/听刀剑暗哑/高楼奄奄一息倾塌。"这首歌哀伤缠绵，打动了无数网友，成为古风音乐中的经典之作，经常被用作古风视频或汉服秀的背景音乐。

《倾尽天下》的曲作者及演唱者河图是墨明棋妙原创音乐团队内知名度最高的成员之一。其2010年发布的首张专辑《风起天阑》、2011年发布的第二张专辑《倾尽天下》均有不俗的销售业绩，河图由此也成为古风音乐圈中里程碑式的人物。2018年网易云音乐发起并在北京举办了大型音乐活动"国风极乐夜"，河图作为古风圈内元老人物受邀参加，演唱了经典曲目《倾尽天下》等，点燃全场粉丝的热情，欢呼连绵不绝。本场活动中河图所穿上衣为花笙记设计的国风刺绣蓝牛仔唐装男外套，该唐装使用盘扣、立领，绣有金丝莲花、八卦、苍鹰、蝙蝠等带有浓厚中国古典风韵的图案。

二、古风歌手

近些年出现的比较有影响力且和汉服关联比较多的古风歌手有董贞、银临、双笙和等什么君。

（一）董贞

董贞是一位因演唱大型游戏、大型 IP 古装电视剧主题曲而走红的歌手。2008 年为网络游戏《诛仙》创作并演唱歌曲《情醉》，2009 年为网络游戏《诛仙·王者归来》演唱游戏主题曲《相思引》，为 PFC（《仙剑奇侠传》粉丝俱乐部）《仙剑奇侠传》同人画集《醉梦仙霖》谱曲并演唱主题曲《醉梦仙霖》，这些歌曲都在古风圈中备受欢迎。2012 年 7 月 20 日，董贞身穿交领短衫、束腰长裙，头戴斗笠参加浙江卫视第一季《中国好声音》并演唱《刀剑如梦》。虽然董贞在《中国好声音》中的成绩并不理想，却将"古风圈"这一小众群体带入大众眼帘。此后董贞在各种公开表演的场合中，经常以古典形象出现，穿过魏晋风格的大袖长衫，以及唐代风格的高腰罗裙和直披纱衫。

（二）银临

银临是 5sing 原创音乐基地的推荐歌手。她从小喜爱音乐，在父母的支持下学过电子琴和古筝演奏。2013 年，银临推出了个人 EP 专辑《银临 EP》和首张个人音乐专辑《腐草为萤》。2015 年，银临与 Aki 阿杰合唱了古风歌曲《牵丝戏》，这至今仍然是古风圈中的经典大热曲目。2018 年，银临参加了"国风极乐夜"，获得国风音乐人最佳女歌手奖。2019 年参加共青团中央举办的"少年中国"国风音乐节暨"青年人最喜爱的国风音乐"颁奖典礼，并获得"原创音乐人奖"等三项奖项。

银临作为创作型歌手，才华备受网友推崇。有粉丝评论道："银临的歌曲能使人"声临其境"，她的歌曲背后，要么是令人喟叹的故事，比如《不老梦》《裁梦为魂》，要么有凄美的意境，比如《腐草为萤》。这也是我喜欢她的歌的一个重要原因。"[1]

银临作为古风音乐圈的元老，经常以汉服古典造型示人。她在 5sing 原创音乐基地、酷狗、新浪微博等平台上的头像都是风格清新典雅的汉服丽人形象。2020年 10 月 17 日银临参加"国风大典"活动，大典进行当日突逢降雨，银临穿着十三余的"金钗斗"套装缓步走上前台，意境悠远，优美动人。"金钗斗"由金色抹胸、一片式下裙、内外两层褙子组成，做工精致，重现了两宋时期秀丽俊雅的女装。

近年来不难发现银临对汉服的热爱，似乎每隔一段时间就能在新浪微博等社交平台上看见她晒出的汉服写真，偶像的力量无疑也带动了更多粉丝加入汉服运动的阵营，为汉服的普及、传播，汉服产业链的发展提供了极大的支持与动力。

（三）双笙

双笙 2000 年出生于重庆，是一位非常年轻的女歌手。2015 年，双笙在 5sing 原创音乐基地发布了她翻唱的古风歌曲《故梦》并发行原创歌曲《采茶纪》。2017年，为电视剧《红楼梦（青春版）》演唱推广曲《终身误》。2018 年获得"国风极乐夜"国风音乐人最受欢迎女歌手奖。2019 年参加"少年中国"国风音乐节暨"青年人最喜爱的国风音乐"颁奖典礼，获得歌唱人奖。

双笙对于汉服摄影非常喜爱。由于长相圆润可爱，在造型上双笙多会选择唐风，配以少女风格的双丫髻或者双垂髻。

譬如在写真中双笙曾着唐圆领骑射装，该装扮胡风浓郁，双笙采用双髻，簪绒面珍珠饰，好动娇媚。初唐时女性会更多地使用这类露出双耳的上梳发型，这在一定程度上代表初唐百姓刚从战乱中解脱，积极向上、蓬勃向上、对未来充满美好期盼的生活态度，传承到如今，这类发型理所当然地被视为热情、青春的象征。而双髻是典型的未出阁少女的发型，与双笙自身气质符合。眉心两点花钿也呈对称状态，胭脂点成的花钿圆润饱满，如同少女娇嫩水润的朱唇及绯红脸颊。

1　冷音古风乐社.【人物】银临：裙袂不经意沾了荷香 从此坠落尘网 [EB/OL]. (2018-2-22)[2023-2-16]. https://www.bilibili.com/read/cv238162/.

整套造型各环节相辅相成，具有男子野性气息的圆领骑射袍和展现少女娇憨纯真形态的双鬟、花钿，一收一放相得益彰，体现大唐女子自由风气。

（四）等什么君

等什么君是目前最红的古风歌手之一，歌曲播放量全网累计突破 80 亿。她的代表作有《凉夜横塘》《归寻》《慕夏》《误红妆》等。获授权翻唱过的作品《春庭雪》《叹郁孤》《赤伶》等也非常受欢迎。

等什么君的现场首秀是春晖记·2020 国风音乐盛典，舞台上的她一身襦裙，戴面纱，唱着成名曲《慕夏》，明显能看出当时的她并未有足够自信，在舞台上的表现极为拘谨，肢体僵硬，这或许与她成名以来外界对她褒贬不一有关。粉丝们普遍认为等什么君是个声音中充斥侠气的有才女生，然而不喜她的网友则指出她所演唱的歌曲存在版权问题。等什么君在一开始靠翻唱一系列知名古风歌曲片段在抖音走红，但由于种种原因，这些本不属于她的歌却被打上了她的标签，无数从未了解过古风圈的"抖人"认为这些朗朗上口、引人入胜的歌曲都是由等什么君一人写成，这给她带来极大的热度和极高的评价，但被翻唱歌曲原唱者的粉丝群体自然极其不满，认为自己喜爱的歌手被掠夺了成果。

但这些争议并不能完全阻挡等什么君日益高涨的人气，她对于长相等方面的不自信也逐渐褪去，那个在舞台上揪紧裙角、攥捏话筒、嗓子干涩的女孩终于掀开她的面纱，找到了适合她的风格，在大众面前毫不露怯地抬起头。

因为长相英气、身材纤长、嗓音有侠气，除了襦裙、罗衫之外，等什么君还喜欢尝试唐圆领、明立领。唐圆领为胡服骑射装，赤玄金三色相加定下沉稳基调，手腕处收紧的护腕及六跨蹀躞带将英气释放，指间随意把玩的或长笛或折扇或刀鞘毫无刻意地散发少年意气，红色发带高束起的马尾书写肆意潇洒；明立领领边及衣襟边缘镶有珍珠，明汉服向来注重庄重，一丝不苟高高扣紧的珍珠扣衣领，从内至外连成一体的大袖衫将身体曲线覆盖，通体乳白色调辅以胸襟前若隐若现的刺绣暗纹，无不体现着大明威严国风和大明女子的温婉识礼，发型方面等什么君未做过多修饰，只半挽发髻，随意插上一支贝壳制成的花簪，手指微翘，顾盼生辉。[1]

三、虚拟歌姬

2012 年上海禾念信息科技有限公司推出了洛天依这一虚拟形象，这成为华语圈第一个赢利的虚拟歌姬。此后，市场上又有更多的虚拟歌姬推出，他们是言和、乐正绫、乐正龙牙、星尘、赤羽、心华。

虚拟歌姬的出现，似乎为古风圈注入一股来自现代科技强劲不竭的力量。《九九八十一》《霜雪千年》《世末歌者》《普通 DISCO》等神话曲与传说曲的出现将古风的热潮风吹入新生代青年中，由此诞生出一批又一批的新生古风歌手。

2018 年哔哩哔哩的二次元国风音乐企划"忘川风华录"启动，该企划对中国历史上许多闻名遐迩的人物进行再创作，使他们一起来到忘川世界，通过音乐带出一件历史宝物并讲述相关历史故事，由此达到重述历史、弘扬中国传统文化的目的。"忘川风华录"发布的歌曲包括：由虚拟歌姬洛天依演绎的《多情岸》《洛阳怀》，《多情岸》取材自曹植与甄宓的传说，关联的宝物是《洛神赋》手稿，《洛阳怀》取材自杜甫和李白的友谊，关联宝物是唐兽首玛瑙杯；乐正绫和洛天依联合演绎的《易水诀》，取材自高渐离和荆轲刺秦的故事，关联宝物是徐夫人匕首；由星尘演绎的《簪花人间》，取材于杨玉环和李隆基的悲情故事，关联宝物是霓裳羽衣。因为这些歌曲都取材于历史故事，MV 里的人物也都采用贴近各自朝代的汉服造型。比如说《簪花人间》里的杨玉环，梳双环髻，穿高腰襦裙，眉间以花钿装饰，美艳雍容。

企划组用青少年喜闻乐见的方式将历史故事讲述出来，令青少年自发了解历史、了解传国宝藏，以及蕴藏在历史中的人情冷暖、宏图壮志、儿女情长。

受此影响，出现了一批翻唱"忘川风华录"古风音乐的年轻歌手，比如三无 Marblue、祖娅纳惜等，同时，古风之美、汉服之美也越发深入人心。

1　柒A68. 等什么君的汉服合集[EB/OL]. (2020-8-6)[2023-2-8]. https://www.bilibili.com/video/av3717
06943/.

第二节　古风文学与汉服

在网络古风言情小说中，有许多关于古典服饰的描写。这些描写生动细致，惟妙惟肖，有许多年轻读者，尤其是女性读者，就是从对古风言情小说的喜爱发展出对汉服的热情的。

一、流潋紫与《后宫·甄嬛传》

2007 年，在第二届腾讯网"作家杯"原创文学大赛中，流潋紫凭借《后宫·甄嬛传》一举夺冠，成为网络知名作家。2011 年，北京电视艺术中心将《后宫·甄嬛传》改编为电视剧《甄嬛传》，《甄嬛传》播出后深受观众欢迎，流潋紫也一跃成为网络作者中的顶流。电视剧《甄嬛传》将故事发生的背景设置在清雍正年间，甄嬛就是雍正朝的熹贵妃钮祜禄氏。但其实《后宫·甄嬛传》原书的故事发生在架空背景下，故事里的人物并不像电视剧中那样梳两把头、穿旗装、踩花盆底鞋，而是穿着带有宋明风格的古典服饰。

书中在甄嬛入宫后准备去拜见皇后和华妃的时候，这样写她的着装准备："我顺手把头发挼到脑后，淡淡地说：'梳如意高寰髻即可。'这是宫中最寻常普通的发髻。佩儿端了首饰上来，我挑了一对玳瑁制成菊花簪，既合时令，颜色也朴素大方。髻后别一只小小的银镏金的草虫头。又挑一件浅红流彩暗花云锦宫装穿上，颜色喜庆又不出挑，怎么都挑不出错处的。"见到皇后之后，从甄嬛眼中看过去，皇后的装扮是："皇后头戴紫金翟凤珠冠，穿一身绛红色金银丝鸾鸟朝凤绣纹朝服，气度沉静雍容。"华妃的装扮是："我飞快地扫　眼华妃，　双丹凤眼微微向上飞起，说不出的妩媚与凌厉。华妃衣饰华贵仅在皇后之下，体态纤秾合度，肌肤细腻，面似桃花带露，指若春葱凝唇，万缕青丝梳成华丽繁复的缕鹿髻，只以赤金与红宝石的簪钗点装，反而更觉光彩耀目。果然是丽质天成，明艳不可方物。"草虫头是明代妇女常用的头饰，凤冠、翟冠都是明代贵族女性的冠饰，由此可见流潋紫在写作《后宫·甄嬛传》的时候参考了不少明代女性服饰。[1]

二、吱吱与《庶女攻略》

吱吱是起点中文网的知名女频作者，她的小说曾多次荣登起点中文网女频榜榜首。吱吱的小说大多描写古代女子在宅院里的生活，虽然是家长里短、衣食住行，却能够展现人世百态，曲折动人。《庶女攻略》是吱吱的代表作之一，从2010年开始连载，获得书友一致好评。2012年，《庶女攻略》在浙江文艺出版社出版了纸质书。2021年，《庶女攻略》被企鹅影视、华策集团改编为电视剧，在腾讯视频首播。

《庶女攻略》写的是罗家庶女十一娘，在做侯爵夫人的嫡长姐去世之后，被父母安排嫁进侯府做填房，照顾嫡姐的儿子的故事。罗十一娘虽然出身卑微，但是聪明有气度，逐渐赢得了丈夫和公婆的尊重和喜爱，获得了幸福美满的人生。因为写的是后宅的故事，小说描写了许多贵族女性的衣饰。小说的背景是架空的，但对衣饰的描写却和明代很贴近。

比如在故事开头，十一娘是明媚的少女，她的衣饰以柔美娇嫩的色调为主："如桃花般轻柔的醉仙颜，如雨过天晴般清澈的天水碧，如皓月般皎洁的玉带白，还有似白而红的海天霞色……无一不是只在大太太身上见过的稀罕料子……抖开一件葱绿色褙子。对襟，平袖，膝长，收腰，冰梅纹暗花，衣缘饰月季花蝶纹织金绦边，胸前钉三颗白玉扣。"[2] 十一娘的嫡姐罗元娘正在病中，衣饰比较家常："黑漆钿螺床的大红色罗帐被满池娇的银勺勾着，一个年约二十五六岁的女子神色疲倦地靠在床头姜黄色绣葱绿折枝花的大迎枕上。她穿了一件石青色绣白玉兰花的缎面小袄，鸦青色的头发整整齐齐地梳成了一个圆髻，鬓角插了支赤金镶蜜蜡水滴簪，苍白的脸庞瘦削得吓人……"对其他主要女性人物的衣饰，也有精心的描

1　流潋紫.甄嬛传[M].北京：作家出版社，2020，第33-46页.

2　吱吱.庶女攻略[EB/OL].(2010-7-8)[2023-2-8].https://read.qidian.com/chapter/hZYrsPYqEVo1/VVqmeCVSJ-oex0RJOkJclQ2/.

画，比如对侯爷的侍妾文姨娘："她穿了件姜黄色素面小袄，茜红色折枝花褙子，白月色挑线裙子。青丝梳成坠马髻，左边戴朵西洋珠翠花，右边插三支赤金石榴花簪子，耳朵上赤金镶翡翠水滴坠儿颤悠悠地晃在颊边，更映得她肤光似雪，妩媚撩人。"这些服饰、发型，都带有明代特有的风格，或许正因为如此，在电视剧《锦心似玉》中，原书中的架空背景被改编为了明代历史背景。

三、关心则乱与《知否？知否？应是绿肥红瘦》

关心则乱是晋江文学城的知名作者，2010 年开始在晋江文学城首发《知否？知否？应是绿肥红瘦》（以下简称《知否》)。《知否》在连载期间深受书友喜爱，成为晋江文学城的大热文。2018 年，中国华侨出版社出版了《知否》的纸质书。同年，东阳正午阳光影视有限公司将小说改编制作为电视剧，在爱奇艺、腾讯、优酷上播放。

《知否》的故事情节生动流畅，文笔细腻动人。小说中不乏对各人物服饰的描写，比如在第 52 章"襄阳侯府一日游（上）"中，作者这样描写女主角明兰和她的姐妹墨兰、如兰的装扮："这天一清早，翠微就把明兰捉起来细细打扮，上着浅银红遍地散金缂丝对襟长袄，下配肉桂粉褶妆花裙，丰厚的头发绾成个温婉的弯月髻，用点翠嵌宝赤金大发钗定住，鬓边再戴一支小巧的累丝含珠金雀钗，钗形双翅平展，微颤抖动，十分灵俏……这一身都是在宥阳时新做的，待去了屋里，见另两个兰也是一身新装：墨兰着浅蓝遍地缠枝玉兰花夹绸长袄和暗银刺绣的莲青月华裙，纤腰盈盈，清丽斯文；如兰是大红蝶穿花的对襟褙，倒也有一派富华气息。"[1]作者在第一章的"作者有话说"里声明这部小说发生在架空朝代大周朝，不过借用了明代的民俗风物作为参考。由此可见，关心则乱对服饰的描写亦大量参考了明代服饰文物，还原度比较高。

《知否》电视剧的拍摄团队也对服饰十分用心。不过，电视剧没有把故事的背

1　关心则乱. 知否？知否？应是绿肥红瘦 [EB/OL]. (2010-11-29)[2023-2-8]. http://www.jjwxc.net/onebook.php?novelid=931329.

景放在明代，而是设定为宋朝，因此服饰的设计也以宋代衣饰造型为基调。宋朝时因受程朱理学的影响，强调"存天理，灭人欲"，动辄三纲五常，因而宋朝女性衣着注重修身合体、典雅规范，女性多着窄袖衫、襦裙，素色打底，外穿直襟褙子，更显女子身量纤长。北宋初年的时候，还有女子延续唐代风格穿高腰襦裙、大襟衫，之后逐渐从脖子严密包裹到脚。就连故事中善于魅惑盛老爷、精于打扮的林小娘也只能在头发上做文章，贴近脖颈的扣子却一颗都打开不得。相较于唐朝，宋代女子要拘束严谨很多。

在 20 世纪 90 年代末，网络文学发展的初期，古风言情小说对服饰的描写还停留在随意想象的阶段，很少考虑对历史服饰的还原。但是到了 21 世纪，随着网络小说的成熟，古风言情小说为了铺垫出更加细腻逼真的故事背景，往往会对服饰、家具器物、饮食习惯进行深入的考据和还原。为了能做到这一点，作者会在书写作品前大量地搜集资料、查阅典籍，以尽量贴近历史，增强文章真实性，增强读者代入感。而对读者来说，当着手阅读一本文笔成熟、功力深厚的古代背景小说时，其常会因其中出现的读者原本知识体系中没有的专业服饰词而困惑，从而通过百度等各种方式求知，从而形成稳固的记忆。这种作者和读者的互动，恰好就是一种生动的对汉服和历史知识进行探究与普及的过程。

第二部分

灼灼其华

第五章　素手裁衣：汉服的民间制作

古时并不像现在有着琳琅满目的服装店。古代虽然也有成衣铺，但是并不普及，也不是人们日常衣物的主要来源。豪门大户有擅长针线的丫环仆妇，或者专门设立针线房，网罗职业裁缝和绣娘制作衣裳。而平民百姓大多是由家中女眷织布缝衣，如果出于特殊原因不能缝制，则在可量体裁衣的布庄或者裁缝铺根据自己的体型定制。

近些年随着汉服风潮的出现，商家也顺应潮流，开始贩卖汉服。伴随着汉服需求的扩大，汉服产业不断发展。据艾媒咨询 2022 年 7 月发布的数据：2015—2021 年，中国汉服市场规模实现了激增，预计 2025 年中国汉服市场规模将达到 191.1 亿元。汉服销售渠道不断增加，近七成消费者在淘宝、闲鱼等线上平台购买汉服，49.8% 的消费者有在线下实体店购买汉服的经历。[1]

然而尽管汉服产业的发展势头迅猛，却仍存在着一些问题，比如普遍较高的价格让部分爱好者望而却步，批量生产、样式雷同的衣服并不能满足一些汉服爱好者对精致细节的追求。这时候，就出现了一些汉服手作党重操老祖宗们的"旧业"——自己裁衣。

1　艾媒咨询.2022—2023 年中国汉服产业现状及消费行为数据研究报告 [R/OL]. (2022-7)[2023-4-18]. https://www.iimedia.cn/c400/87077.html.

第一节　是谁在做汉服?

在制作汉服前，爱好者们一般会翻阅大量考古文献和资料来参考制定板型，这使得他们在制作过程中能更深入地了解古典服饰的面料和裁剪缝纫技术，最大限度地还原服饰原貌。在服饰还原方面，最为出名的应当算是中国装束复原小组。

一、中国装束复原小组——最成功的汉服制作民间组织

中国装束复原小组成立于 2007 年，创始人刘帅本来是学绘画的，因为喜欢传统服饰，所以凭着一腔热爱自发进行古典服饰的研究和制作。他的热情感召了一批和他有同样爱好的年轻人，他们集结在一起，成为一个团队，共同为将古典服饰之美原汁原味地呈现在世人面前而努力。

早期中国装束复原小组的兴趣在两汉魏晋，参照的资料是这一时期的壁画、砖刻、陶俑等珍贵文物上的装束形象。中国装束复原小组认为，两汉魏晋时期是汉服发展成熟并树立审美典范的阶段，因此特别具有还原价值。为了精准再现汉魏风格，刘帅做过多方尝试，早期资金有限的时候，也寻找过一些现代原料作为传统织物的替代品，但始终达不到还原的效果。最后在团队的协同努力下，他们先从选料严格把关，采用了平纹质地的丝织物，以及富有两汉魏晋风格的绮和锦，然后自己动手进行生丝捣练、印染、刺绣、绞缬，经过这些手工步骤处理的面料，终于体现出了两汉魏晋织物的质感。手工处理不同于现代化的工业生产，耗费时日多且需要投入大量体力及脑力劳动。小组中负责生丝捣练的刘荷花，曾在盛夏中顶着烈日反复捣练。其他环节，如印染、刺绣和绞缬，也需要组员花费很多的时间和精力去努力学习技艺，逐渐熟练掌握，以及日复一日地辛勤操作。因为只有这样付出，中国装束复原小组最后做出的成品才充满了古典韵味和灵气。[1]小组后来将其还原的两汉魏晋的装束作品结集出版，命名为《汉晋衣裳第一辑》，于2014 年在辽宁民族出版社出版。

---

[1] 《汉晋衣裳》编委会编著. 汉晋衣裳第一辑[M]. 沈阳:辽宁民族出版社, 2014 年, 第 121–122 页.

中国装束复原小组对两汉魏晋服饰还原的质量在汉服圈中首屈一指，但团队并没有只将目光锁定在两汉魏晋，而是将还原的工作逐渐向其他各个朝代推进。在其新浪微博@装束复原上，能够看到从秦汉到宋明不同朝代的不同形制的作品，惟妙惟肖，精美绝伦。这些在新浪微博中贴出的作品，有一部分被选入了中国装束复原小组的第二部著作《中国妆束》，该书于2014年由辽宁民族出版社出版。[1]该书出版后在汉服爱好者中口碑极佳，只是书源不足，很难买到，有些汉服爱好者四处求购，只为得到这本书。

中国装束复原小组的努力，赢得了越来越多的关注和认可。中国外交部曾经专门邀请中国装束复原小组代表中国，在中日韩传统服饰展演上展示真正的传统汉服。[2] 2019年的热播剧《长安十二时辰》邀请了中国装束复原小组参与服饰妆发部分的造型设计，当被媒体问到如何保证服饰能够真切地贴近历史的时候，中国装束复原小组的美术组组长胡晓说："历代的舆服制、考古发掘报告，再加上唐墓壁画、敦煌壁画、金乡县主墓女立俑、新疆阿斯塔那唐代女俑、武惠妃棺椁线刻、唐惠陵让皇帝李宪墓壁画、中国丝绸博物馆藏唐代服饰、青海出土唐代服饰等，都为我们提供了有力的历史依据参照。"[3]正是这种对历史的尊重，以及对作品的热爱，才使得中国装束复原小组的每一件作品都成为精美的艺术品。

二、自得其乐——普通的汉服手作党

就如同中国装束复原小组所展示的，作为现代人要去复原一件古代服饰，不仅需要找寻文献、出土文物作为复原制作的参考，还需要运用传统工艺来处理材料，这就涉及了很多传统技艺的传承，比如说染色、纺织、古法刺绣、配饰制作等。耗时久，投入高，比如单就一个染色过程，可能就要耗上几个月的时间。

---

1 中国装束复原团队编.中国妆束[M].沈阳：辽宁民族出版社，2014年.

2 广东共青团.中国装束复原小组：11年复原200套汉服，外交部高度认可[EB/OL]. (2018-10-19)[2023-2-8]. http://hn.chinaso.com/dyp/detail/20181019/10002000330781215399391638811873620_1.html.

3 郭煜，吴思颖.《长安十二时辰》为何费大气力去做装束复原[EB/OL]. (2019-8-5)[2021-8-6]. https://baijiahao.baidu.com/s?id=1640989120794110367&wfr=spider&for=pc.

普通汉服制作者一般无法复制中国装束复原小组的做法，同时对衣物的还原程度也没有那么高的要求，只是期望自己能够动手做出心爱的古典衣裙，这样的话，就可以略过一些难以掌握的复杂工艺，选择用自己喜爱的方式裁剪缝制。

一般来说，自己制作汉服有着更高的自由度，可以选择配色和款式，加入一些自己想要的元素，尺寸也更符合自己的身材。另外从资金的角度考虑，现在的汉服板型好、质量优的价格普遍偏高（例如在中国装束复原小组的店铺购买一整套汉服基本需要上千元），并且工期很长，而价格便宜的虽然不用等很长时间甚至不用等工期，但质量并不好。因此一些心灵手巧的汉服爱好者就选择了自己做衣服。

初学汉服制作的爱好者，一般会偏向制作更简练日常的汉服。不过，也有一些"入坑"越来越深的爱好者，会对历史长河中汉服的真实模样越来越向往，逐渐偏向于复原汉服。

在新浪微博上有一个#汉服手工制作#超话，截止到 2021 年 8 月已经有了 1.6 万个讨论。喜欢制作汉服的同袍们聚集在这里讨论裁剪工艺，分享缝纫心得，展示自己的劳动成果。比如 2021 年 7 月 4 日，一个名为"以植物染汉服的镊子"的网友在超话里贴出了自己制作的宋制直领对襟半袖长衫，这件长衫是参照北宋长干寺地宫 F14 号泥金花卉飞鸟罗表绢衬长袖对襟女衣制作的。新浪微博贴出了文物依据、形制结构图、裁剪数据和制作成品，获得了网友们的好评。此外，博主以植物染汉服的镊子还很喜欢和网友分享用植物天然原料浸染织物的教程，是在#汉服手工制作#超话中比较活跃的一位博主。

自制汉服并非易事，尤其是现代人大多没有学习过缝纫裁剪，要自己做汉服就要从头学起。一些汉服爱好者希望能够从专业人士那里学习制作技术，相关培训课程就应运而生。比如一个 ID 为"畫雪"的网友，在百度的汉服制作吧里发了一个名为《有学制作汉服的培训班或工作室吗？》的帖子，表达了想找有特色的工作室学习汉服制作的愿望，很快就得到了积极回应，不少培训机构和工作室借这个帖子展示自己的实力，希望能吸引到更多学员加入。

汉服装束除了衣物之外，簪环首饰也是必不可少的辅助元素，因此还有一些汉服手作党专攻各类首饰的制作，她们被称作"簪娘"。哔哩哔哩和新浪微博上都有簪娘们活跃的身影，她们在这些平台上展示作品，相互交流。还有一些有经验的簪娘，在哔哩哔哩上贴出了首饰制作教程。有些工艺高超的簪娘，发布的制作教程视频能够拥有二三十万的点击量。

第二节 汉服的制作流程

面对古今变迁，为了符合现在的审美和方便日常出行，对于普通爱好者来说，自己制作汉服时在保持原有形制不变的前提下调整变动也无伤大雅。接下来，就来简单讲讲如何制作汉服。

一、制作汉服所需的工具

剪刀：对应布料、线头、纸的裁剪，有三类不同的剪刀。

尺子：需要一把软尺和一把直尺——软尺用来测量，一般长度为 1.5 米；直尺用来画直线。

笔：衣料上要先画线再裁剪，浅色的布料可以用水溶笔，而深色的布料可以用画粉。

珠针：在缝纫和熨烫时，被用来定位布料。

缝纫机：常见的是家用缝纫机（很多购物网站上有各种家用缝纫机，还有机型小巧方便携带的手持缝纫机），如果条件不允许，也可以手缝。

熨斗：用来熨平衣服和熨出褶皱。

缝纫线：一般情况下缝什么颜色的布料就用什么颜色的线，红白黑用得较多。

打板纸：用来打样，也可用牛皮纸、报纸。

布料：常见的面料有雪纺、棉布、麻布、真丝、织锦等，在后文有较为详细的描述。

二、制作汉服所需的数据

无论制作的是汉服还是现代服饰，都需要掌握几个基本数据。尤其是对于平面裁剪制作的汉服来说，数据更为重要。平面裁剪是将实物的部位尺寸作为服装加工的依据进行制作，参照预先设置好的数值，绘制平面设计展开图，再进行剪裁缝合。那么，制作汉服，首先要掌握以下几个数据：

上衣一般需要衣长、胸围、单边袖长、袖根长、接袖长、袖口宽、后领长等，下裙一般需要腰围、裙长、裙头宽等。

这些数据都是指哪些位置，又是如何测量的呢？

衣长： 顾名思义，衣服的长度，是从后颈点（后脖颈隆起的那块椎骨）到腰部以下你想要的位置的长度。

胸围： 指衣服的胸围，是人体的净胸围加上衣服松量。衣服松量由自己的喜好决定，喜欢宽松的就把松量放大，偏向于合身的就把松量放小。一般来说，松量 4～6 厘米为紧身型（适合比较紧身的中衣或者单穿的襦），松量 8～10 厘米为合体型（可单穿或者里面再加一两件衣服），14 厘米以上算是宽松型。如果是用比较厚的布料或者制作冬天夹棉的衣服时，就需要再适当地加大松量。

单边袖长： 从中缝到袖口的距离，又叫通袖长。测量时，可以水平举起手，从脊椎或者后颈点量至所需长度。根据款式的不同，袖子的长度有所差别。长袖可以量到指尖或者更长（礼服和部分常服需要回肘[1]）。半臂则一般到上臂中部。

袖根长： 从肩上到腋下的长度。中衣通常取 22～25 厘米（一圈 44～50 厘米），穿在外面的衣服需要适当放大。广袖的袖根最好在 40 厘米以上。这个数值可以参照平时自己穿的宽松型的T恤测量，再根据板型和自身需求调整。

接袖长： 中缝到连接袖子的位置的距离。具体根据布幅及排料决定。（由于古代布料布幅受限，通袖又长，只好接布，同时也是为了节约布料。）

袖口宽： 袖口的宽度。根据不同袖形和个人喜好而定。

1　回肘，即袖长超过指尖之后，多出的一段从指尖返回至肘部的长度。

后领长：两边肩脖相连位置的距离。中衣通常取 14 ～ 16 厘米，外穿的需要适当放大。

腰围：腰围最细处。以软尺绕一圈，并塞进两手指拉紧后的长度。

裙长：裙子长度。一般从腰围最细处到离地面 2 厘米处。

裙头宽：根据个人喜好决定。通常在 7 ～ 9 厘米，一般不会超过 10 厘米。

在测量制作汉服所需的数据时，如果不是很确定如何去测量，那么可以将自己平时所穿的衣物平铺，根据日常服饰的尺寸去制作。

三、制作汉服的一般步骤

汉服是使用传统的平面裁剪方式缝合的，制作时并没有很高的门槛。因此，即使没有缝纫基础，也可以尝试自己动手，选择自己喜欢的形制，亲手做一件汉服。

一般的汉服制作过程：选择汉服类型—选择布料—画图打板—裁剪—缝纫—熨烫—最终成形。无论做任何事，都要从简单基础的开始，汉服也不例外，比如说从裙子入手。（注意：前几次做建议用棉布，便宜且容易上手。）

（一）选择汉服的类型与布料

关于汉服类型，前几章有详细论述展示，这里就不再深入解释。布料的选择应该根据不同的季节、不同的形制而决定。夏季可选择轻薄、透气的面料，冬季可选择较厚的面料，甚至增加棉絮做成夹棉的款式。需要注意的是，大多数的布料，特别是纯天然纤维的织物，缩水概率比较大。因此，买回布料后，一般要先做缩水处理。

（二）画图打板

那么选完布料后，接下来就可以去画图打板了，这一步可以说是汉服制作中最为重要的一步。这一步骤就是将我们测量的数据转换为平铺数据，再画出汉服的图纸并将其平铺开来。除了可以在纸上绘制，也可以用电脑操作。

新手可以先按一定比例将汉服缩小画在纸上，方便修改。汉服除了裙和裤，基本上都是两片，也就是前后相连，左右缝合，这体现了中国传统的对称美。因此，在画线稿的时候，可以借助对折纸张这个小技巧。同时，要注意拼接处的缝一定要画上去。建议正/背面和平铺图都画一遍，方便后期记忆。

把平铺图画出来修改完之后就可以开始排料了。排料就是将平铺图的各部分重新组合，通过合理的排布，尽量减少布料的使用量。

首先要将平铺图的各个部分剪开，在每个部分上都写上序号，如果还是难以分清哪块与哪块拼接，那么可以在应缝合的两条边上标记同一个数字（记忆力和空间想象能力好的话可以忽略这个步骤）。

然后在同比例缩放布幅的布上进行重新组合，各个部分之间留有一定的缝合宽度。排料时要注意布幅走向一致，即布料的经纬向不要混着拼。

（三）裁剪

接着，先按比例放大在打板纸上画出来，再根据之前重新组合后的位置将纸样放在布料上，用画粉或水溶笔沿纸样边缘在布料上画出印记，然后裁剪布料。在裁剪布料的时候要留出缝合宽度，一般边线留1厘米，门襟、下摆和袖口留3～5厘米。另外，为了裁剪方便，可以将布料左右对折，一次裁剪出两个形状一样、方向相对的衣片。（如果嫌再缝合后背的中缝麻烦，可以从内部缝合，也就是"假中缝"。）

（四）缝纫和熨烫

最后经过缝纫和熨烫，一件自己亲手制作的汉服就制作完成了。

四、常见的基础缝纫方法

（一）机缝

缝纫一般用家用缝纫机，这里介绍一个最基础也最常用的缝纫技巧：来去缝。

将两片布料背面对背面，以 3 ～ 5 毫米的边宽进行缝合。翻面后熨烫平整，使两片布料的正面对正面，并进行第二遍车缝，缝合宽度略大于第一遍缝合宽度。翻回正面，熨烫平整。具体见图 5.1。

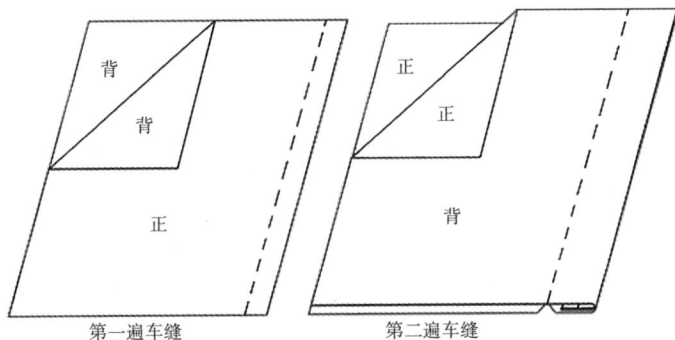

第一遍车缝　　　　　　　第二遍车缝

图5.1　来去缝

（二）手缝

为了使缝合更加牢固，可以用手缝加固。当然，如果没有缝纫机，全部手缝也是可以的，只是更耗时耗力。下面介绍几种基础手缝针法。

1.平针缝

平针缝是最简单的针法，可用于临时固定，也可用于两片布的缝合。针法：针从 1 出，再由 2 入，从 3 出，再由 4 入，重复以上步骤（见图 5.2）。

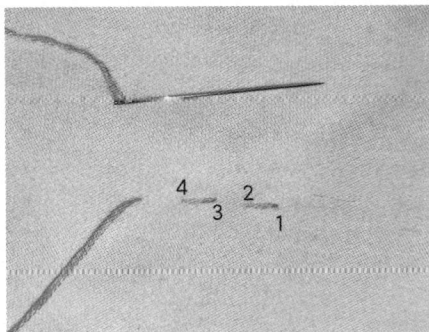

图5.2　平针缝

2.全回针缝

回针缝类似于机缝，最为牢固，适合缝合容易开口的地方。回针缝分为全回针缝和半回针缝。全回针缝针法：针从 1 出，再由 2 入，从 3 出，再由 4 入（2 和4 是同一个点），重复以上步骤（见图 5.3）。

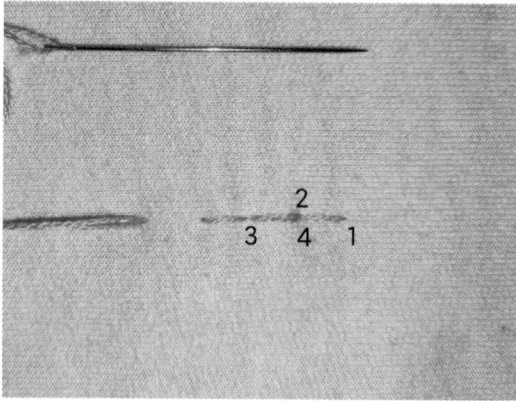

图5.3　全回针缝

3.半回针缝

与全回针缝类似，回针时针由间隔处 1/2 个宽度入，即针从 1 出，再由 2 入，从 3 出，再由 4 入（4 为 2 和 3 的中间），重复以上步骤（见图 5.4）。

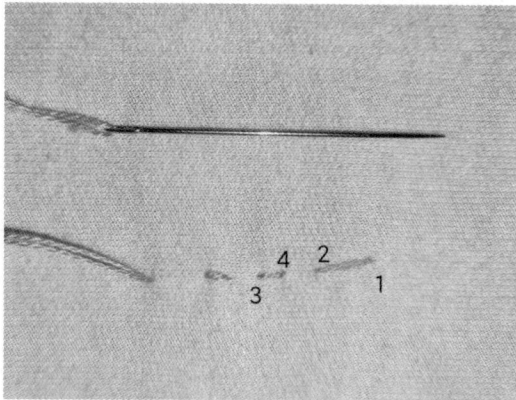

图5.4　半回针缝

4.包边缝

包边缝相当于锁边，能防止布料边缘脱线，使边缘更为牢固、美观。针法：针从1出，再由2入，针从背面拉出来时需要把线置于针下方，重复以上步骤（见图5.5）。

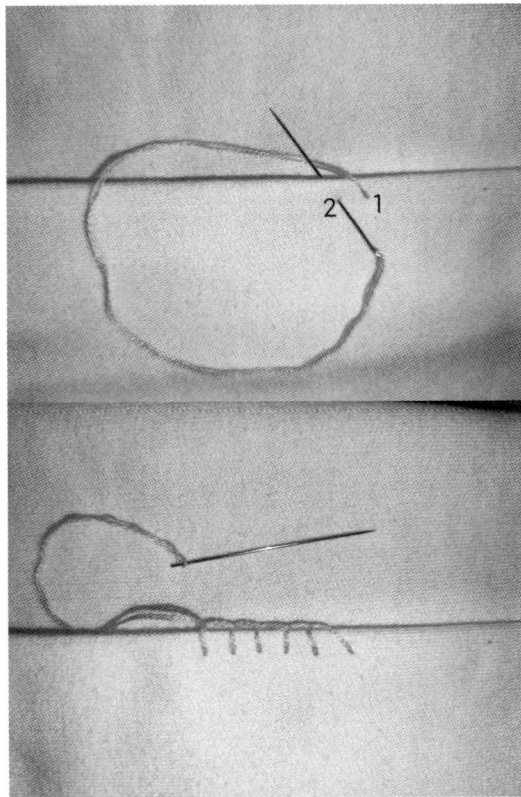

图5.5 包边缝

5.藏针缝

缝合两片布时能够隐匿线迹，常被用于不易在反面缝合的区域。针法：针从1出，再由2入，从3出，再由4入，重复以上步骤，最后拉紧打结（见图5.6）。

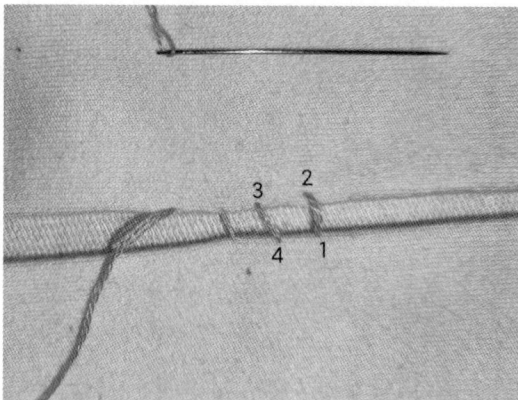

图5.6 藏针缝

五、汉服布料及色彩纹饰选择

（一）常见的汉服布料

很多汉服爱好者买汉服只看汉服的款式是否好看、有仙气，而不看面料，但是面料对于汉服来说恰恰是非常重要的。汉服本质上也是衣服，最重要的还是自己的穿着体验，好的面料能让人感到舒适；而一件衣服的高级感，通常也体现在面料上。"贵的东西不一定好"这句话用在服饰面料中并不适用，一般来说，价格和舒适度是成正比的。不过还有另一句话，"适合自己的才是最好的"。既然是自己买布料制作汉服，那么对于初学者来说，要选择性价比高的、容易上手操作的，这里先介绍汉服制作中常见的一些布料。（以下布料的先后顺序与面料质量无关。）

1.丝麻

丝麻薄且透气，适合夏天穿着，价格也适中。一般买的都是天丝麻，也就是丝麻加上一些聚酯纤维的成分。真丝麻价格比天丝麻高。此外还有苎麻，比较透气，有骨感，适合做注重廓形的衣服。

2.真丝

真丝种类很多，现代常用的真丝面料有真丝顺纡绉、真丝烂花绉和真丝棉。

真丝顺纡绉的特点是起皱效果好、透气性能佳、布面外观美、柔软等，是制作襦裙、衫裙中下裙的常用面料。真丝烂花绡薄透，没有垂感，花纹具有立体感，可用作褙子、帔帛、大袖长衫等。真丝棉是真丝与棉按照一定比例纺织而成的面料，舒适性高，适合制作成贴身穿着的衣物。

3.棉布

棉布的质地柔软舒适，但一般很容易出现褶皱，尤其是纯棉布料，不过相较于雪纺来说，它更适合新手制作。棉布一般分为纯色棉布和有花纹的棉布。纯色棉布质地柔软，色彩十分简单。有花纹的棉布则分为印花棉、提花棉，这两者的不同之处在于：印花棉的花纹通过印染得到，而提花棉的花纹是在棉布制作过程中织出来的；提花棉的纹路相比较印花棉的纹路层次感更为明晰。

4.棉麻

棉麻是棉与麻的混合，结合了棉和麻面料的优点，比棉更爽肤透气，比麻更贴身舒适，可以织出比较细密的材质，同时更轻，价格也更低廉。不过棉麻同时也结合了两者的缺点，比如容易皱，透气性和干爽度都不如纯麻好。

5.雪纺

雪纺有真丝雪纺和化纤雪纺两种，其最大的优点是清透、飘逸，还不易皱，尤其适合做夏装，褙子、对襟等上衣都可以用它来制作。一般我们说的雪纺是指化纤雪纺。雪纺用处虽然很多，但并不好做，因为太过薄、软，不好控制板型。对于做汉服的新手来说，雪纺并不合适。

6.正绢

正绢其实就是日本的真丝，它没有国内真丝光泽强烈，只在曲面处出现柔顺的光泽，产生一种亚光效果。因为纱织细密，所以正绢的手感也相比较更柔软。只是价格较高。

7.花罗

花罗是最适合做上衣的一种布料，可以说除了价格高没有别的什么缺点。它是织有花纹的质地稀疏的一种丝织品，唐代诗人王建曾在《织锦曲》中写道，"锦江水涸贡转多，宫中尽著单丝罗"。花罗作为古时江南的贡品，编织的缝隙疏密有致，穿在身上轻薄透气又很柔软。现在很多商家会用到仿花罗面料，仿花罗面料虽然没有花罗舒适，但价格相对便宜不少，布料也同样轻薄透气，十分柔软。

8.香云纱

香云纱是采用植物染料薯莨染色的丝绸面料。它柔软顺滑，轻薄不易起皱，同时具备防晒和防水的功能，颜色适合夏天穿着。也是价格较高的一种料子。

9.羊毛、绒

羊毛、绒等编织物，一般较为柔软，保暖性好，不易皱，耐穿，常被用来做冬天的外套。比如明制的袄子、披风、半袖等。

10.涤纶

涤纶一般指聚酯纤维，这类料子厚度适中，耐穿，形态硬挺，适合做春秋季的袄子。其最大优点是价格低。

（二）汉服的纹饰

无论在何时，图案总是有各自不同的意义，比如远古时期象征部落的图腾，奴隶社会奴隶身上表示身份的烙印，古代建筑屋檐上象征着祥瑞的脊兽等。

汉服上的纹饰自然也有着独特的含义，通常带有富贵、吉祥、长寿、幸运等美好的寓意。这些吉祥图案，通过象征、借代、比喻、谐音等手段，把情意与抽象观念一一表达出来。最为常见的就是动物纹饰和花草纹饰。[1]

动物纹包括龙纹、蟒纹、飞鱼纹、斗牛纹、凤鸟纹、麒麟纹等。

龙纹在古代是权力、皇权的象征，现在我们最常见的龙纹造型是明清的龙纹：发部粗密上冲；眼部特征简洁明朗，只由圆形的眼眶和圆点状的眼珠构成。另一种就是与器皿、瓷器上类似的纹路。

蟒纹形似龙纹，一般来说，四爪为蟒，五爪为龙。同样地，蟒纹在传统文化中也寓意吉祥。蟒袍加身，意味着位极人臣，荣华富贵享之不尽。蟒袍起源于明

---

1 王国彩.明代服饰特点解析[J].文学教育（中），2012（8）：109.

代，只能通过皇帝赏赐获得。直至清代，蟒袍开始被用于区分皇室宗亲、官员们的品级。

飞鱼纹最初的特征为龙头、两足、四爪、双翼，有腹鳍一对而无后肢，尾部是朝两边翻卷的鱼尾。后逐渐形似蟒纹。在明朝，飞鱼服常常是锦衣卫所穿。

斗牛纹也是身份的象征，明代它的地位低于飞鱼纹。这上面的斗牛并不是牛，而是虬龙与螭龙之类传说中的神物，有吞云吐雾之能。在明代，斗牛图样是头上有双角向下弯曲如牛角，身形似蟒，有鱼尾。

麒麟纹为明清官服补案图样。在民间，麒麟是祥瑞神兽，主太平、长寿。它形状像鹿，牛尾，马蹄，有一只肉角，全身有鳞甲，也有龙首两角、狮尾等形态。

凤鸟是神话传说中的百鸟之王，形体优美，有柔韧细长的脖颈，背部隆起，尾羽修长飘逸。在不同历史时期凤鸟的象征有所差异，秦汉时期的凤纹稳健有力，象征地位和尊严；魏晋隋唐时期，凤纹由飘逸变为灿烂，透出太平盛世的气象；宋明时期，凤纹柔和喜庆，象征吉祥、美满和幸福。

除了这些传说中的神兽的纹饰，还有许多同样象征着祥瑞的动物纹饰，比如仙鹤、仙鹿、孔雀、锦鲤、鹦鹉、黄鹂、大雁、喜鹊、鸳鸯、鹌鹑等。在现代汉服的制作中，人们也会将自己喜欢的动物图案绣上，比如卡通化的猫、狗、兔子这类可爱的图案。

花卉是中国纹样中最常见的题材之一，牡丹，桃花，水仙，梅、兰、竹、菊四君子，等等。

其中有一种纹饰叫"缠枝纹"，又称"万寿藤"，它描绘植物的枝干或藤蔓向四方连绵，不断仲展，盘旋缠绕，由此含有"生生不息"之意。缠枝纹通常与花卉图样，比如牡丹、莲花等组合出现。

团窠纹是从唐代开始流行的一种花卉纹样，后世又称之为"团花"，是将近似圆形的独立纹样铺陈在织物上得到，类型丰富，变化多端。团花花纹常见的有桃形莲瓣团花、多裂叶形团花、圆叶形团花等。团花的外围还有边饰，边饰有菱形纹、龟甲纹、百花蔓草、多瓣小花、小菱格、方胜纹等。团花不仅能运用到服饰上，还可以被用来装饰金银器、铜器、玉器、陶瓷和建筑雕刻，象征着和谐美满幸福。[1]

宝相花纹是来源于佛教的艺术纹样，通常将花卉，尤其是莲花、牡丹的花头、花苞和叶片用作图案主题，进行艺术处理，变成一种装饰化的花朵纹样，造型偏华丽典雅。盛行于隋唐时期，元明清时期的器物上也多用来装饰，是富贵、美满和幸福的象征。[2]

另外，还有一种常见的纹样——云纹。云纹在古代是吉祥图案，象征着高升和如意。在靠天吃饭的古代，收成好坏的决定性因素是雨。而雨又是由云产生的，这使得云在人们心中是期盼，是希望，并使人们对此产生崇拜和敬畏之心。

除此之外，其实还有许许多多传统纹样，像团寿纹、唐草纹、璎珞纹、万字纹等，需要我们慢慢探索。

也许这时候，就有人会问了：自己制作汉服的话，衣服上的刺绣纹饰该怎么办？难道还要自己学刺绣吗？其实不然，一般自己制作的汉服大多是纯色的，由各种颜色的布料搭配而成。如果需要有纹饰，一般会用印染面料或者本身就带有纹饰的布料，像提花、缂丝、织金是在制作布料时就有的花纹。提花是指以经线、纬线交错的方式在纺织物上组成凹凸花纹。缂丝是一种通经断纬的丝织技法，成品精致绝美，但由于制作工艺复杂，缂丝的造价非常高，因此一般不会用于大面积的服饰制作。织金是以金缕或者金箔切成的金丝作为纬线织进锦缎中。

另外还有本身就有刺绣的布料，而这种布料都是用机器刺绣。机器刺绣的花纹图案会显得生硬粗糙，有时甚至会产生褶皱，但胜在价格低廉。

除了机绣之外，还有手推绣和纯手绣。手推绣是一种传统的工艺，也是一种刺绣方法，它延续了苏绣的手法，用专供刺绣的机器配合手部操作进行。价格适中品质好，性价比非常高。

而纯手绣是以手工技艺在布料上刺绣出纹饰，制作出来的图案细腻生动。相

1　古月编著.国粹图典：纹样[M].北京：中国画报出版社，2016年，第70-71页.
2　陈士龙编著.历代瓷器收藏与鉴赏·中国（下）[M].长沙：湖南美术出版社，2017年，第277页.

比机绣，纯手绣更精美，用色更准确，而且密度更高，还不会伤及面料。只是因为耗时耗力，价格相对来说比较昂贵。在闲暇之余，汉服爱好者也可以学习刺绣，不仅能自己设计制作自己想要的刺绣，还能让自己的心静下来。

（三）汉服的颜色及其意义

不仅纹饰，汉服的颜色也都有一定的含义。汉服中比较常见的是赤、白、黄、青、黑五正色，这五正色源于对五行的信仰，对应了阴阳五行，每个颜色代表五行中的一个元素，赤对火，白对金，黄对土，青对木，黑对水。其余的颜色也都是由这五正色演变而来。一种正色，在深浅浓淡上发生变化，就能衍生出各类颜色。

有这么一个关于五正色和五行的典故。秦朝时期，人们普遍崇尚玄色，也就是黑色。上至王公贵族，下至杂役奴仆，穿着都以黑色为主色。《史记·秦始皇本纪》载："始皇推终始五德之传，以为周得火德，秦代周德，从所不胜。方今水德之始，改年始，朝贺皆自十月朔。衣服旄旌节旗皆上黑……更名河曰德水，以为水德之始。"[1] 这说的是秦始皇按照五行相生相克的原理，认为周朝有火德的属性，如果秦想要取代周，就必须以水德克火德。而水德对应的颜色正是黑色，因此，秦朝上至王宫贵族、下至平民百姓，穿着都以黑色为主色。

对于色彩，《孟子·告子上》有言："目之于色也，有同美焉。"这说的是，人们的眼睛对于颜色，有着共同的对美的感受。而这美的感受，就来自色彩的意蕴与人心灵的共振。

在我们熟知的《红楼梦》中，展现出许多色彩搭配的美学。比如有一次宝钗的贴身丫头莺儿给宝玉打络子的时候，就说到很多颜色搭配的技巧。宝玉要给他的大红色汗巾子打络子，莺儿就说："大红的须是黑络子才好看的，或是石青的才压得住颜色。"石青色是一种接近黑色的深蓝色，常见于皇室的衮冕、朝服中。而红色配黑色或石青色，这即使是放到现代也是很流行的配色，像很多国际大牌的经

---

1 司马迁.史记[M].北京:线装书局,2006 年,第 31 页.

典配色就是红色配黑色。

后来宝玉又问："松花色配什么？"莺儿说："松花配桃红。"宝玉又接着说："再要一个雅淡中带些娇艳的。"莺儿回答说："葱绿柳黄是我最爱的。"这些配色都是在我们制作汉服选择配色时可以去学习的。[1]

赤色汉服，让人感到热烈、吉祥，也是民间婚姻嫁娶之时婚服最常用的颜色。

白色汉服，有着纯净之意，素雅清净，受到许多文人墨客的欢迎。

黄色汉服，给人以威严、尊贵的感受。

青色汉服，让人感到和蔼、广博，看上去稳重、端庄。

黑色汉服，也叫玄色汉服，优雅而又华贵，穿着黑色汉服能带给旁人一种华丽大气的感觉。

汉服的上下搭配最好不要超过四种颜色。选择布料的颜色时，色彩可以鲜艳，但不要太亮，过于明亮的汉服穿在身上就不那么日常，更像是在拍戏、拍写真。与现代服饰搭配一样，最不会出错的其实就是同色系的。如果觉得颜色过于单调，则可以选择有暗纹或者本身带着花纹的布料。如果想要尝试不同的配色，那我们可以参照古画或者出土文物上的搭配。

有一个很奇怪的现象，有些颜色在我们日常生活中非常难搭配，但用在汉服上却十分和谐，比如红配绿。如果是现代时装，绝少出现大面积的红色和绿色搭配的区域，作为补色的这两个颜色放在一起，对比非常强烈，视觉冲击力比较强，但是如果将这两个颜色放在汉服中，却又十分惊艳。

比如唐制的襦裙色彩鲜艳，既大胆又开放，红的、绿的、黄的等浓艳的颜色直冲眼前，炫人眼目。图 5.7 是中国装束复原小组 2019 年 3 月 29 日在新浪微博上发布的仿初唐帷帽仕女的照片，她头戴帷帽，上穿绿色坦领半袖衫，下穿绯红与棕绿相间的间色裙，臂挂鹅黄色帔帛，整体色彩搭配明艳动人，尽显初唐风采。

---

1 曹雪芹, 高鹗. 红楼梦 [M]. 深圳: 海天出版社, 2010 年, 第 252–253 页.

图5.7　初唐帷帽仕女

第三节　汉服制作范例

一、中衣

（一）画图排料

中衣画图排料见图5.8、图5.9。

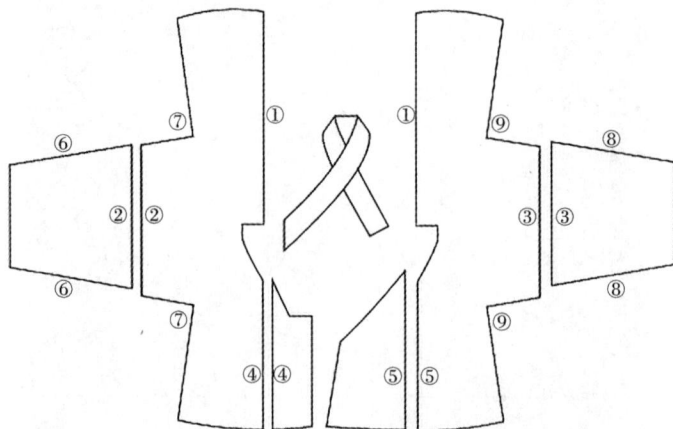

图5.8　中衣平铺图

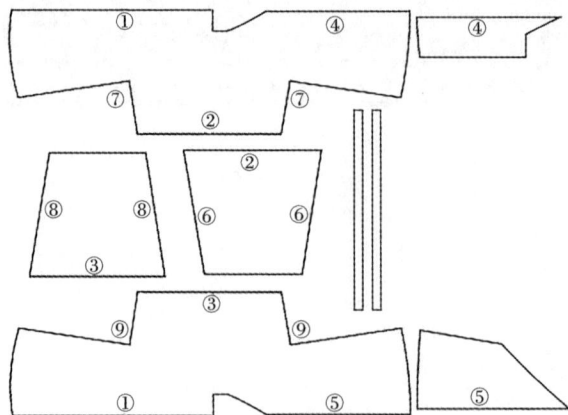

图5.9　中衣排料图

（二）裁剪缝合

1.按照排料后的裁剪图裁剪布片，先用来去缝连接后背中缝（①）、接袖（②③）和左右续衽（④⑤）。

2.上领子。

3.用来去缝缝合两侧（⑥⑦⑧⑨），缝至开衩处和袖缝；熨烫平整。

4.制作系带。把一块布条裁片的正面与正面对折，用车缝法缝合两道长边和一道短边。用一根较长的镊子（或者一支笔、一根木棒）夹住车缝的短边（笔或木棒可以抵住短边），往里塞，慢慢向另一端穿过去，把系带翻到正面。整理系带，熨烫平整。

5.缝合门襟。在两边门襟（续衽）顶端，分别固定一根系带。在侧缝内部，对应衣襟顶端的位置固定一条系带。

6.用卷边缝法收袖口和下摆。

7.整理熨烫，完成中衣的制作。

二、一片式褶裙[1]

（一）画图排料

两种排料方式（幅宽取150厘米）：没有特殊图案的布料一般选择2米长的布；有特殊图案的布料一般选择3米长的布。具体见图5.10。

1　汤簌簌.怎样制作一条汉服褶裙？[EB/OL]. (2017-7-15)[2023-2-8]. https://www.bilibili.com/video/BV1Lx411B7gk.

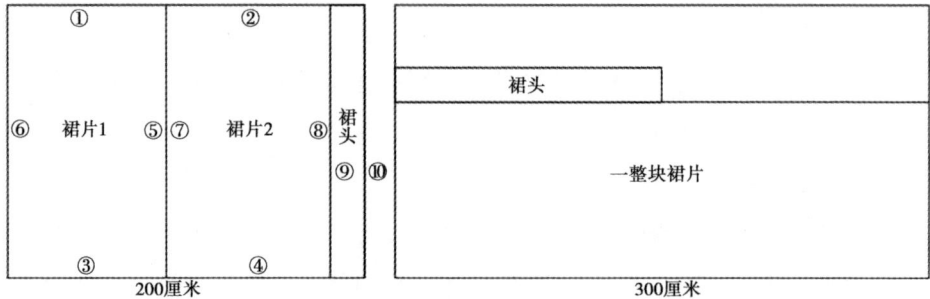

图5.10　褶裙排料图

（二）裁剪缝合

1.根据排料后的裁剪示意图，准备好裁片，如果是第一种裁剪，则用来去缝或包边缝将两块裙片的短边（①②）拼合。

2.将裙片三边（③⑤⑦④）的布边卷起缝合（留一长边）。

3.在裙片未卷边的一边（⑥⑧）每隔一段距离做记号，打褶，车缝。

4.打好褶后上裙头，裙身（⑥⑧）与裙头布料（⑨）的一边正面对正面缝合。

5.将裙头对折并熨烫。

6.剪一块硬衬熨烫黏合在裙头里，用珠针固定后缝合。

7.裁两条布条用作系带。

8.将系带用藏针缝缝合在裙头两端。

9.熨烫褶子，完成褶裙的制作。

三、褙子[1]

（一）画图排料

褙子画图排料见图 5.11、图 5.12。

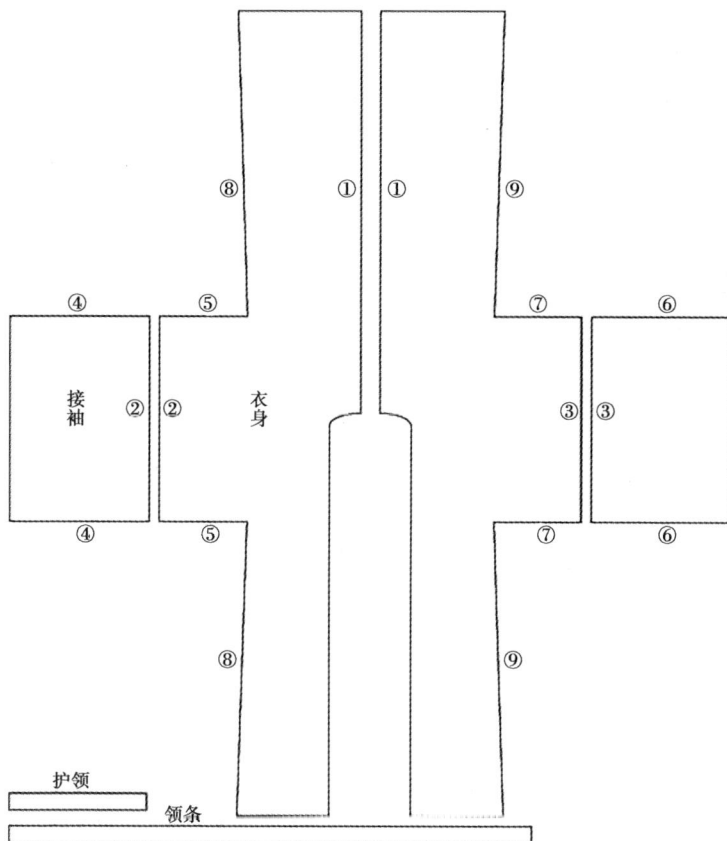

图5.11　褙子平铺图

1　汤簌簌.怎样制作一件汉服褙子？缝纫过程全记录，零基础教学向[EB/OL]. (2017-7-9)[2023-2-9]. https://www.bilibili.com/video/BV1Lx411B7gk.

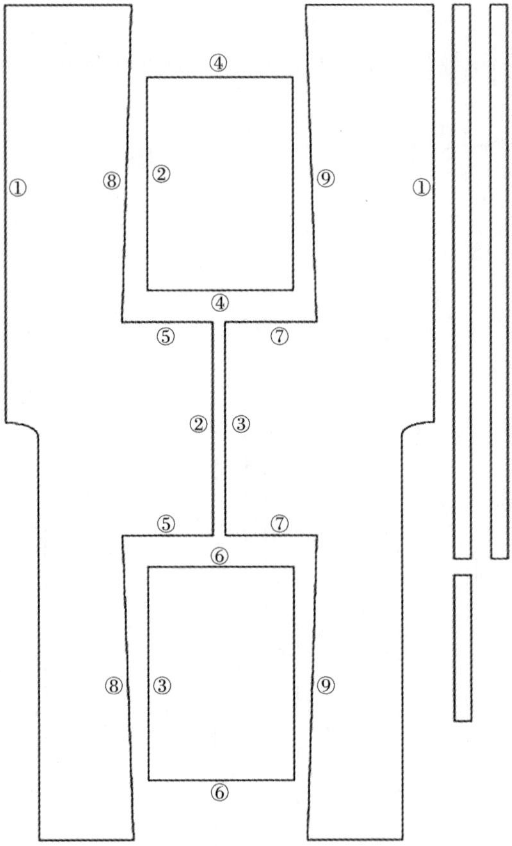

图5.12 裙子排料图

（二）裁剪缝合

1.裁剪后用来去缝缝合后中缝（①）和接袖（②③）。将需要拼接的两块布料反面对反面，在边缘先用车缝法缝一道。再将缝好的布料翻过来，熨烫平整后进行第二遍车缝，将布边包裹进去。将拼合好的布料展开，并熨烫平整。

2.将布料对折，用同样的方法缝合衣身（④⑤⑥⑦⑧⑨）。缝合⑧⑨时下摆留一小段开衩。

3.将袖口布边卷起缝合。

4.将开衩下摆处的布边卷起、烫平、车缝。开衩点用包边缝法加固。

5.将衣襟从距离中缝2厘米的地方剪掉；在距离中缝6厘米的地方画线，并在后领口画出缝合线，缝上领子。将两块长布条拼合在一起；领条与衣身正面对正面，用珠针固定，从中间向两边车缝。再将领条对折、熨烫，同样缝合。缝合衣领的手法类似于包边缝。

6.有空余时间可以用同样的方法缝合护领，护领可缝死在领子上或可拆卸。由此完成褙子的制作。

四、交领短袄[1,2]

（一）画图排料

交领短袄画图排料见图 5.13、图 5.14。

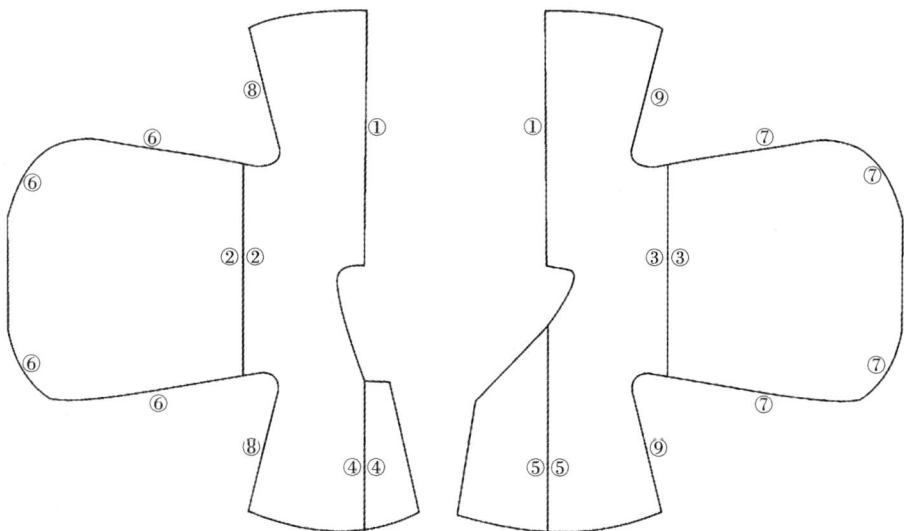

图5.13 交领短袄平铺图

1 汤簌簌.来亲手做一件汉服交领短袄吧[EB/OL]. (2017-10-22)[2023-2-8]. https://www.bilibili.com/video/BV1bx411g7t5.

2 汤簌簌.袄裙挂里·交领短袄手工制作（下）[EB/OL]. (2017-10-22)[2023-2-8]. https://www.bilibili.com/video/BV1Qx411M7QW.

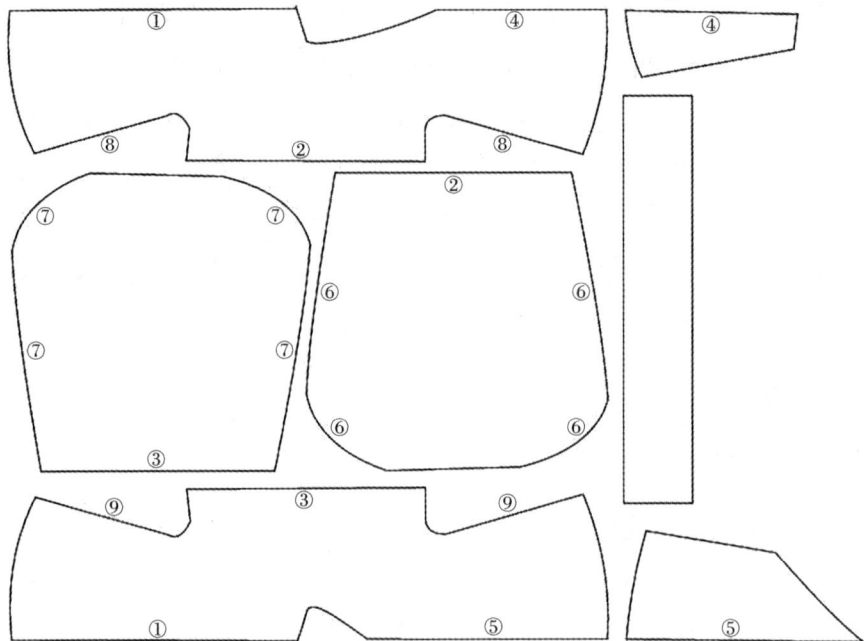

图5.14　交领短袄排料图

（二）裁剪缝合

1.按照裁剪图和纸样裁剪布料，其中表布向外预留2厘米，里布向内减少2厘米。缝合后中缝（①）、袖子（②③）及内外襟接片（④⑤）。

2.沿着袖子的下边缘缝合侧缝（⑥⑦⑧⑨），一直到侧缝的开衩点；熨烫。

3.用同样的方法制作内衬，内衬方向与表布相反。

4.将表布与里布正面对正面重合；将表里布的中缝对齐后，缝合下摆及左右侧缝。

5.将布料翻回正面；将里布袖子塞进表布袖子里，整理衣身，并熨烫平整。

6.缝合袖口（注意包边）。

7.在领口画一条平滑的曲线，准备上领子；留缝份剪去领口多余布料，沿线缝合，将领口的表里布固定。

8.上领子。第一遍先缝合领条外层与衣身，正面对正面，反面向外缝合；缝合好后整理熨烫。第二遍缝合，衣身外层朝上，线迹落在领子拼缝旁，并压住内层领子。若是手缝，可以用藏针缝处理。处理领子两端，缝合。领子制作完成。

9.制作三组系带，手缝在衣身合适的位置，完成短袄制作。

五、马面裙[1]

（一）画图排料

制作马面裙采取与褶裙类似的排料方式（见图5.15，图5.16）。裙摆总长一般为 4～6 米，通常 4.5 米摆较为多见。在褶子上，通常每片裙片有 3～6 组等宽的褶子，褶宽一般为 6～12 厘米，露出的部分为 1～3 厘米，其中最中央的一组褶子要相碰不留缝。

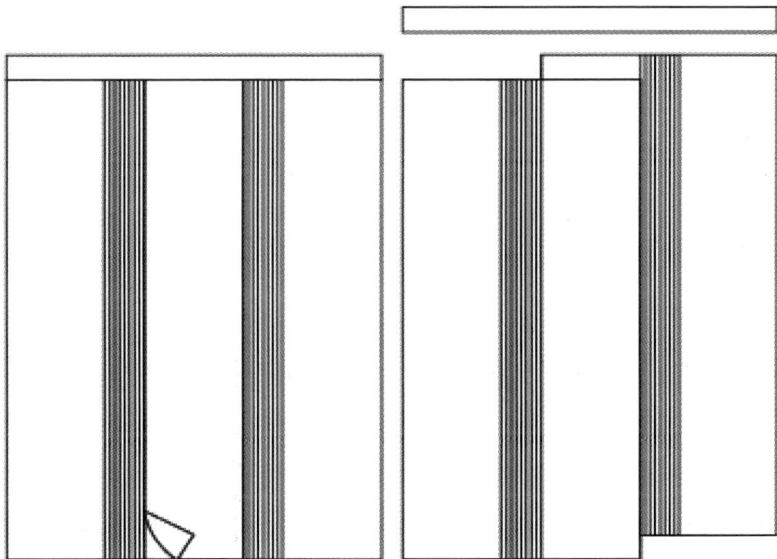

图5.15 马面裙平铺图

1 Sue籫籫.【汤籫籫】汉服 | 可能是全站最详细的马面裙制作讲解[EB/OL].(2018-2-10)[2021-8-6]. https://www.bilibili.com/video/BV1tW411n7iU/?spm_id_from=333.337.search-card.all.click&vd_source=6674928bbca52fa820a827186b5aabc2.

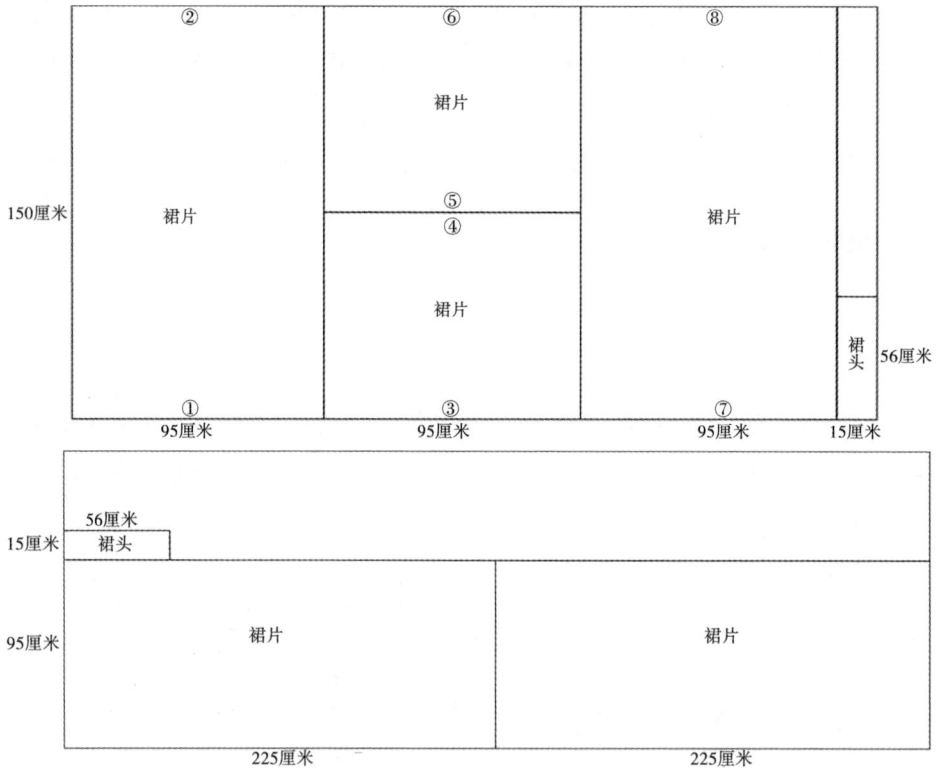

图5.16 马面裙排料图

（二）裁剪缝合

1.以第一种排料为例，根据裁剪图裁剪布料，将四块裙片缝合成两片（②和③，⑧和⑥）。

2.按照设计的褶皱间距标记褶子（①②③④依次标记），假设模特腰围一尺七（合57厘米左右），马面裙门的宽度为200毫米，那么剩下褶子宽度为160毫米，每一边为80毫米。在平面上露出所能看到的每个褶子宽度为10毫米，褶子的数量就为5对，每个褶子被遮住的宽度为177毫米，如图5.17所示。

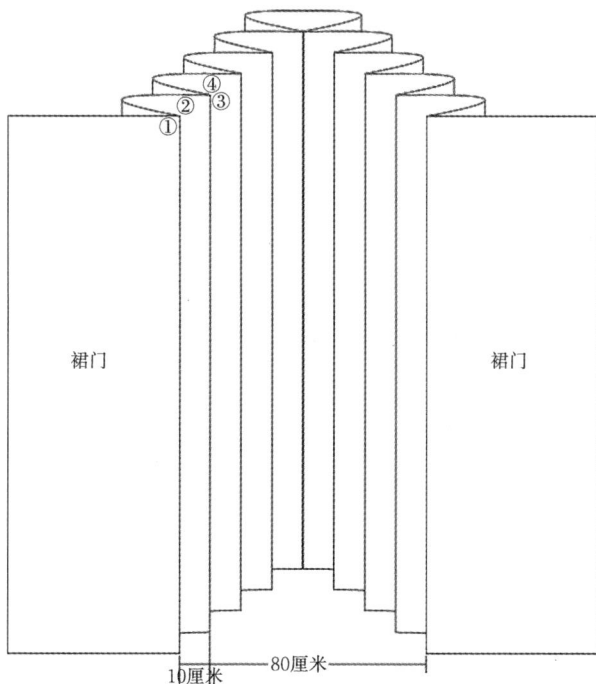

图5.17 马面裙褶子图（一边）

3.用珠针固定好裙身；缝合褶子（①②，③④依次缝合）；整理熨烫褶子。

4.处理布边，将布边都包边。

5.组合裙片，将重叠裙门缝合（如图 5.33 所示），同时缝合裙头。

6.连接裙头和系带。裙头的正面对裙身的正面，硬衬在裙头背面，进行第一遍缝合。

7.缝合好后将系带放置在裙头正面；向外对折裙头（朝向裙身正面）包裹住系带。

8.缝合裙头两端中的一端，翻转这一端裙头，系带很自然被车缝进裙头；另一端用同样的方法。

9.第二遍缝合裙头与裙身，将布边向内折，缝合，线迹落在领子拼缝旁。

10.熨烫平整，完成马面裙的制作。

第六章　花想衣裳：汉服商业制作与销售

第一节　汉服的国内商业制作模式

艾媒咨询 2022 年 7 月发布的调查数据显示，2022 年的汉服市场规模预计能够达到 125.4 亿元，2025 年有望达到 191.1 亿元，同比增长 13.2%。不过，虽然汉服的销售规模在不断扩大，但是目前只占整体服装市场大盘的 2% 左右，因此，未来几年汉服市场仍然有比较大的上升空间。[1]

通过分析 2005 年至近年淘宝汉服商家的增长趋势可以看到，随着同袍与了解汉服的人的数量不断增加，汉服的需求量也在急剧增加，需求带动供给的增长，据中新网报道，淘宝创业新趋势媒体成都分享会上的数据显示，成都有 4 万多名年轻人在淘宝上开汉服店，相比 2019 年多出了整整 1 万人，增速位居全国第一。开一家汉服网店成为一些年轻人会去尝试的就业新选择。[2] 在飞速发展的当下，汉服作为一个承载传统的现代概念，那些有关于它的争议也从未间断。汉服商家作为上游的供应方，它们的产品风格决定了汉服要展现给这个时代的整体风貌，所以汉服的设计选择可谓是重中之重。无论是备受争议、已经被踢出汉服圈的汉元

1　艾媒咨询.2022—2023 年中国汉服产业现状及消费行为数据研究报告 [R/OL].(2022-7)[2023-4-18]. https://www.iimedia.cn/c400/87077.html.

2　中国新闻网.四川成都：4 万多年轻人在淘宝上"玩汉服" [EB/OL]. (2020-8-16)[2023-2-8]. https://baijiahao.baidu.com/s?id=1675142454959806373&wfr=spider&for=pc.

素[1]，还是中西结合的中国风Lolita裙[2]，无论是形制考据还是改良，汉服商家都有着自己的考量与最终选择。

一、汉服的设计与量产

与汉服文化活动扩大知名度的方式一样，汉服的商业活动也离不开网络这片信息聚集交流的沃土，从市场调查到服装的设计、推广和销售，这一系列的环节都要依赖网络来完成。

早期汉服销售都是采用预售的模式，以单件为计量方式进行生产，即买家在线上下订单后，卖家会按照其提供的身高、体重等数据量体裁衣出货。但现在随着需求量的增长，汉服生产规模不断扩大，越来越多的商家选择将成衣分码出售。

与需求量同时发生变化的是消费者审美品位的提高和口味的日益多样化。为了满足消费者的需求，店铺越来越重视服装款式的设计，通过多种渠道收集、筛选，从而得到优质的汉服设计图。收集来源分很多种，一些大的商家会进行汉服设计比赛，通过投选的方式选出具有市场价值的稿件。规模较大的店铺会自己雇用设计师。值得一提的是，出于风格多样化的考虑，一些商家也会联系业余的汉服设计者或者在新浪微博发出约稿请求。

新浪微博上设有汉服设计超话，一些汉服设计爱好者会在这里分享自己的设计稿件吸引店铺购买，或主动发私信给店家投稿，推荐自己觉得有价值的设计。与那些签约设计师不同，由于新浪微博超话的设计者大部分为大学生或者刚毕业没多久的社会新人，有一些人甚至并没有系统学习过服装设计，也没有从事过与设计有关的工作，只是凭借兴趣爱好来做事，因此水平良莠不齐，所以并不是所有设计者都能够得到稳定收益。不同于受雇的设计师每月领取工资，在新浪微博活跃的设计者通常会以单件结算的方式将设计稿卖给商铺，店家按圈内规则也会

1　汉元素时装是在西式服装的基础上，融入汉服的基本元素后形成的现代时装。
2　Lolita，即洛丽塔，这里是指一种服饰类型，主要风格为甜美、古典、哥特。身着洛丽塔服饰的女孩以此追求一种崭新的衣着态度和不一般的生活方式。

赠送一套按最终设计稿制作的成衣给设计者。

挑选完稿件后，一些店家会先对稿件进行一番宣传。为了增强顾客购买黏性，部分商家会先选择通过意向金[1]这种方式进行一次交易。意向金一般为 1 ～ 5 元不等，不同的意向金与不同的特定优惠相挂钩，比如说有的可以免邮费，有的可以在成品出来后得到优惠价，有的会赠送一些小礼品。意向金策略可以帮助销量和知名度较低的店家预先积累后续会为成品买单的顾客，避免出现成品出货却无人购买的情况。

接下来的工厂制作流程对于各家店铺几乎是一样的，店家会派遣对服装面料有经验的帮手寻求合适的布料及服装加工厂，将稿件图按照设计的形制进行打样。在这个过程中，不少商家会拍摄视频在抖音等流量大的平台上进行宣传，显示自家商品制作过程把控严格，制作水平高超，服装品质优良，这样有助于招揽顾客，提升品牌的市场接受度。

在这之后店铺会收到样品[2]，接下去就是对样品进行仔细的审核，一样、二样等多次的修改都会被分享在社交平台或者店家的粉丝群，多个样品的多次反复修改和讨论，让顾客更有制作的参与感，更加提升其购买的可能性。经过数次打磨得到消费者认可的样式最终会得到量产，但这并不是结束，这件汉服的"成名"之路才刚刚开始，店家与店家之间的营销之战也才刚刚打响，接下去才是决定销售的重头戏环节。

二、汉服的销售与市场

作为小众文化，网络空间从来都是汉服文化原生的沃土。在移动互联网发达的当下，各类新媒体为汉服的营销推广提供了广阔的宣传空间。新浪微博作为女

1　意向金类似一种定金，店家想要做汉服，但可能由于汉服较为小众、购买人数不够而亏本，或者是由于制作成品太少，工厂不愿意接单。收意向金既能统计人数，而且如果没有达到人数，店家就会退还意向金，避免双方损失。

2　样品是对稿件进行实际制作的与大货完全相同的产品，样品有利于帮助商家及时发现设计稿在进行制作时有可能出现的问题。

性用户偏多同时更新信息速度极快的社交类APP，一直是汉服商家宣传的主要阵地。而抖音、快手等用大量视觉信息吸引关注度的短视频APP，在近年来也为商家宣传做出了贡献。

以抖音为例，抖音上的汉服相关视频大致可以归结为三类。一是颜值类。汉服主播将美丽精致的妆容与古典优雅的服饰完美结合，能迅速传递视觉信息，吸引大量用户的关注，使用户产生深刻的记忆，并迅速产生对主播所展示的汉服的兴趣，从而引发模仿和购买的欲望。二是拍摄技术类。将流行的古风音乐与汉服的画面展示完美结合，给受众带来上乘的视听觉体验。三是模特教学类。"××家上新的汉服如何搭配，上身效果如何""今天穿××家汉服来教教大家怎么摆动作拍出汉服大片"等，这类拍照指南、穿搭指南类的推荐视频，是汉服商家在抖音上扩大知名度的上佳方式。随着智能算法的精进，以及大数据技术的广泛应用和不断发展，算法推荐帮助商家更好地找到目标人群。媒介平台对用户使用时的数据信息进行收集统计、分析整理，再利用智能技术巧妙地进行关联性设置，给用户推送其可能感兴趣的视频，进而促使更多用户关注到更多其他相关讯息，商家也就能少走弯路，迅速吸引目标人群进行商品推荐。

微信公众号是汉服商家销售的另一个便利渠道。与其他自媒体需要花钱上热门且时效过短不同，拥有庞大的用户人群且并不收费的公众号有利于细水长流、潜移默化地积累人气。蛰伏在你的关注里，公众号可以每天按时提供给关注者新的品牌讯息，这种吸引虽然不像视频有那么强烈的视觉冲击力，但能有效地培养出用户对品牌的关注甚至黏性。微信公众号和新浪微博一样都能进行留言交流，作为信息传播方的汉服商家在传播自己的汉服讯息时能及时得到受众的反馈。这种有来有往的环形交流是一种良性的互动链，帮助了商家进行新品推荐和审美改良，同时汉服消费者在反馈过程中的情感投入使他们更容易对品牌积累好感，这对品牌的长期发展无疑是有益的。

根据汉服资讯的统计，2022年在中国各个省、自治区、直辖市中，有27个拥有汉服商家，占比为79.41%。其中，汉服产业最为活跃的是浙江省，生产能力强的城市主要有杭州、嘉兴、绍兴等，年度产能为 10.4 亿元，现有商家 269 家，十三余、七月夕、明缘轩等都是非常受汉服爱好者欢迎的品牌。山东省年度产能接近 8.7 亿元，仅次于浙江，现有汉服商家 307 家，主要品牌有茉莉、等云来、凤台曲等，汉服商家生产能力强的城市主要有菏泽、济南、青岛等。第三名是广东省，年度产能接近 5.1 亿元，现有汉服商家 194 家，主要品牌有织造司、汉尚华莲、拟梦等，汉服商家生产能力强的城市主要有广州、东莞、佛山等。除了上述 3 个省份外，四川、江苏和安徽等省份的汉服市场也很可观：四川的汉服年度产能接近 5 亿元，江苏和安徽接近 3 亿元.由此可以看到汉服市场蕴藏的巨大能量。[1]

汉服市场从产品种类上来说，大致可以分为两大类：传统汉服和改良汉服。传统汉服遵循过去的服制，款式众多，有一些衍生的周边产品；改良汉服更适应现代环境的要求，方便穿着。

从价格上来说，汉服品牌大致可拆分出高端、中端、低端这三个档次来满足不同消费群体的需求。高档产品的套装从数千元到上万元不等，比如著名高端品牌明华堂的莲蓬凤鸾云肩通袖妆花织金纱套装官网上定价为 9600 元，由明华堂的设计师原创设计，做工精美。低档产品的价格在一两百元，比如淘宝汉服热销品中有定价 148 元的唐制齐胸襦裙套装，采用价格低廉的雪纺面料，款式与其他品牌的同价位产品非常相似。总体而言，高端产品面料讲究，还原度较高，特别注重表现自己的文化底蕴，大多以定制方式生产销售。中低端产品则多以绚丽的色彩、飘逸的线条吸引眼球，有时还会模仿热播电视剧中的经典造型。市场分布中，中档、低档的品牌占大多数。然而，有时同一价位的汉服质量参差不齐，汉服市场并没有一个统一的价格质量标准，这有待市场的进一步规范。

从销售渠道上看，汉服品牌的销售渠道有线上的淘宝店和天猫店铺，也有线下的汉服实体体验店、汉服工作室，这标志着汉服市场的商业零售模式逐步发展

1　时尚聊天室.哪里商家最多？哪省产能最强？汉服产业基地到底在哪里？且看 2022 各省汉服商家产能排名[EB/OL].(2023-2-28)[2023-4-28].https://m.sohu.com/a/647485457_121119316/.

成熟。由于汉服具有浓厚的文化特性，很多汉服品牌会与其他和传统文化相关的品牌进行合作，比如将汉服和金玉饰品、茶、瓷器或香薰等放在一家店铺中搭配销售，或者为主打汉风[1]的店铺生产成套的工作服、制服，合作共赢发展。汉服促销方式基本采用了新品促销、换季促销、节日促销等方式，在一些大型的电商活动或者传统节日中为新老顾客做出优惠，吸引消费者。另外就是在与社会团体的活动合作中，通过汉服文化节（例如西塘汉服文化周）、汉服走秀活动进行汉服推广与促销。

除了上述汉服销售渠道外，还有一种特殊的销售路径也值得注意，那就是汉服的网络二手市场。近年来汉服二手市场逐步扩大，相应产生了一种新的中间商"汉服黄牛"。作为中间商，"汉服黄牛"活跃在闲鱼这类二手平台，主要赢利方式是低价收购二手汉服或者绝版限量汉服进行二次销售。为了标出更高价码，"汉服黄牛"会将已经穿过的汉服标上全新标签进行售卖。由于二手汉服市场目前缺少合理监管，"汉服黄牛"出售的汉服无法保证卫生性和干净度，很大概率会给消费者带来糟糕的购物体验，甚至可能给消费者带来安全隐患。

第二节　汉服商家营销模式的成功范例

在汉服市场的发展中，一些抓住机遇的店铺在同侪中脱颖而出，成为当红汉服品牌，十三余、重回汉唐就是其中的佼佼者。

十三余是一家成立于 2016 年的汉服淘宝店。十三余品牌打造了"小豆蔻儿"这个网红 IP 形象，作为店铺的模特和形象人使。同时，小豆蔻儿也是十三余的创始人和设计师之一。小豆蔻儿定期在自媒体上更新汉服试新、汉服穿搭和店铺动态等信息，以视频和图片为主，到 2021 年 8 月已经在新浪微博有 500 多万名粉丝，在哔哩哔哩有 100 多万名粉丝，为十三余积累了许多客户。这是粉丝经济效应在汉服销售领域的成功范例，将粉丝升级为潜在消费者，在网红偶像效应的影

1　汉风服饰指具有传统汉服的基本板型，又加入了一些现代元素作为装饰的服装。

响下，粉丝群体比普通顾客的购买意愿更强烈，忠诚度也更高。同时，在粉丝经济效应下，十三余顾客和商家之间互动的频率会更高，这就使十三余有了更多了解顾客喜好的渠道，并能做出及时反馈。

从成衣风格来说，首先，十三余在借鉴了传统汉服形制的同时，对汉服做出了更加适合日常生活状态的改动：比如说裙子缩短，不再像大多数汉服裙那样垂至脚面，而是长至膝盖以下；再比如更多使用窄袖，不用系带而用拉链和扣子。其次，十三余有很多将古风与现代元素结合的尝试，甚至跳出汉服圈，与《王者荣耀》《忘川风华录》这类游戏进行联名，推出了"遇见飞天""惊鸿舞""异域舞娘""明宫词"等系列汉服，使其服装呈现出更丰富的面貌。再次，十三余还曾和著名Lolita圈模特谢安然合作推出了兼具萝莉风与汉服风的"扇间花语"系列服饰，与古风圈歌手银临合作推出了"琉璃""棠梨煎雪""流光记"等系列服饰，成功吸引了其他小众亚文化爱好者进入汉服圈，成为十三余的潜在消费者。

作为一家网红店铺，十三余也一直存在着网红店普遍会遇到的问题。第一，质量问题。十三余每一套汉服商品会分为多个单体进行销售，定价在五六百元到1000多元不等，购买一套完整汉服通常需要1000元以上，但是十三余投入的成本并不高，价格与做工和质量不能完全匹配。第二，十三余喜欢按不同的古代文化主题建立IP，推出多款不同的汉服或汉元素服装，这会导致风格在同一时间内较为单一，有一定的局限性。第三，由于小豆蔻儿本身身材较为娇小，她作为模特进行打板导致十三余的板型与汉服码数也整体偏小，这会使顾客在网购的时候不容易找准码数，来回退换货增加时间和人力成本，同时大码顾客不能获得良好的上身体验。第四，目前十三余主要在淘宝店铺进行网络销售，大部分商品以预定量决定工厂最终产量。这导致汉服的制作工期会比较长，在等待过程中消费者容易产生不适的消费体验。经常新的一系列汉服开始上架预售了，而很早之前购买的还未收到。[1]

冗长的工期也给其他山寨汉服商家抢先推出盗版提供了便利，影响本家在后

---

1 俞秋宏.国潮背景下汉服品牌十三余营销策略分析[J].营销界，2021（3）：13–14.

期进行销售。往往正版还没到消费者的手上，盗版已经开始在淘宝上大卖特卖。在这种情况下，盗版抄袭无疑对商家有极大损害，抑制了汉服业的蓬勃发展。盗版汉服的危害是多方面的，首先是商家的知识产权受到了侵犯，盗版汉服跳过了服装设计这一关，节约了早期在设计方面的支出。其次盗版盛行会影响商家的销售量，影响商家的整体收入，甚至影响新一轮的汉服设计推广活动。在消费活动中，消费者的第一出发点是自身的利益诉求，为了省钱，一些消费者会购买设计外观与正品差距"不大"的山寨汉服，与同样质量未知的正品相比，购买山寨汉服似乎是一个更节省投入的选择。这样会引起商家与商家之间的恶性竞争，但竞争本身就是消耗，而恶性消耗对于整个汉服商圈是弊大于利的。[1]

重回汉唐是另一个很受顾客欢迎的汉服品牌。[2]康鑫元与王峥曾在《基于"重回汉唐"品牌的汉服服装品牌发展策略研究》一文中详细分析了重回汉唐的品牌发展策略。其一，重回汉唐起步早。2006年3月重回汉唐登记注册成为服装品牌；同年12月，重回汉唐实体店在成都市文殊坊开业，这是全国首家汉服实体店。事实证明，重回汉唐在汉服热兴起之前就设定好品牌发展路线可谓占尽先机。仅仅比重回汉唐晚了两年的汉尚华莲，在汉服圈中虽名声显赫，但在市场占有率上也是不及重回汉唐的。重回汉唐作为老牌汉服品牌的代表一直有一批很稳定的忠实粉丝。其二，重回汉唐价格中等，品牌风格有辨识度。重回汉唐主打温婉轻柔的风格，偏向小家碧玉型；面料考究，舒适、轻薄的更多，即使夏季穿也不会太热。这样的品牌固定风格，使得喜欢此类风格的消费者对于品牌的忠诚度大大提高。其三，利用名人效应提升知名度。2013年12月4日，英国首相戴维·卡梅伦访问成都杜甫草堂，重回汉唐为工作人员提供汉服，在首相面前弹古琴、展茶艺。这是汉服第一次被正式用在接待外宾的礼仪场合，也是重回汉唐品牌一次较大规模的商业合作。另外，重回汉唐为在悉尼举办的寻找汉服大使比赛提供服装。2014

1　俞秋宏.国潮背景下汉服品牌十三余营销策略分析[J].营销界, 2021（3）: 13-14.
2　《重回汉唐》是一首由汉服复兴者孙异作词作曲的汉服运动主题歌。孙异和吕晓玮夫妇以重回汉唐为名　创立了汉服实体店，该店于2006年12月17日在成都市文殊坊开业。

年 5 月，阿里巴巴举行汉服集体婚礼，102 对新人的汉服全部由重回汉唐制作。[1]

重回汉唐非常注重线下销售，在北京、上海、成都、重庆、宁波等大中型城市都有实体店。以重回汉唐北京店为例，店铺位于东城区前门大街，于 2016 年开业，店内以中国传统建筑元素来装饰，优美典雅，店铺中陈设有古典风格的屏风，屏风上有条幅写着"着我汉家衣裳，兴我礼仪之邦"的字样，屏风旁的条几上放着精美的瓷器。除了汉服之外，店铺还售卖带有刺绣纹样的手袋、荷包等物品，用来和衣服搭配。

在发展实体店的同时，重回汉唐也力图在网上打开销路。重回汉唐在淘宝上有天猫旗舰店，店铺用直播的形式不断展示新品。在新浪微博上，截止到 2021 年 8 月，重回汉唐汉服店有 35 万多名粉丝。不过这只是重回汉服官方账号的粉丝数量，除了这个账号外，重回汉唐各地的实体店也有各自的新浪微博账号，用来发布信息及与粉丝沟通。在哔哩哔哩上，重回汉服汉服店账号有 5 万多名粉丝，发布了 141 条视频，点击量从数千到几十万不等。

在促进商业销售的同时，重回汉唐还非常注重塑造自己的文化形象。重回汉唐一直致力于宣传中国传统文化，尤其注重培养年轻人对传统文化的兴趣，在这个基础上形成自己作为老牌汉服品牌的文化底蕴。为此，重回汉唐积极参与每一个和汉服推广、中国传统文化推广有关的比赛或活动，提高知名度和影响力，吸引、扩大自己的消费者人群。尽管现在知道汉服的人已经越来越多，但很多人仍处在观望欣赏的层面，并没有实际参与的经验，而通过各类汉服推广活动，能使更多人体验到穿汉服的美好和乐趣，进而产生购买意愿。

随着汉服市场的扩大，服装款式单一，推新困难成了亟待解决的问题。为了解决这个问题，重回汉唐在原品牌基础上创立了几个子品牌，来弥补服装品类不全的缺陷，比如"华小夏"是汉元素品牌，"小华小夏"是汉服童装品牌，"沐汉风"是原创中国风男装品牌。

除了重回汉唐外，一些其他知名汉服品牌也实施了以子品牌开拓更广泛市场

1　康鑫元，王峥.基于"重回汉唐"品牌的汉服服装品牌发展策略研究[J].西部皮革，2020（19）.

的策略。例如汉尚华莲旗下设四个子品牌，其中："九锦司"是高端汉服品牌；"汉尚华莲"是坚守传统汉民族元素的汉服品牌；"初立"是以童装为主的汉服品牌；"鹿韵记"是以改良汉服为主的汉服品牌。

第三节　同袍访谈：我们怎样买汉服？

为了更详细地展示汉服商业活动这些年来的发展历程，以及消费者在此过程中的体验，笔者访谈了多位汉服爱好者。这些访谈者是通过新浪微博平台邀请来的，普遍有多年购买穿着汉服的经验。

受访者小A是一位"入坑"比较早的汉服爱好者，大概在2013—2014年开始购买汉服。她说当时的汉服风格比较华丽，但汉服商家比较少，汉服普遍较贵，整套价格动辄两三千元。后来开始举办中国华服日，加上出现了好些在国外穿汉服的网红，汉服突然又火了起来。当时比较知名的店家，清辉阁和菩提雪，是汉服市场的两大巨头，这两家几乎直接垄断了当时的汉服市场，上新产品都供不应求，无论是新品销售还是后续二手买卖，价格一直稳升不降。举个例子，比如店家卖950元一件的大袖衫，二手市场可以翻两三倍，甚至和一些乱七八糟的东西打包卖出去（打包在二手市场指捆绑销售，即A品比较火，供不应求，B无人问津，将A和B一起捆绑销售就能将B卖出去，甚至卖出比原价更高的价格）。

值得一提的是，中国华服日确立之后，经过一些媒体宣传，汉服文化很快吸引了一批人做起了汉服生意。其中中国装束复原小组比较出名，中国装束复原小组的汉服价格比较高，他们立志复原唐俑及一些历史上的经典服饰。还有一家，九锦司，板型可以，用的都是手推绣，所以价格较贵。

小A自己购买比较多的是汉尚华莲和重回汉唐，她觉得这两家的汉服：一个设计好、板型好，但是质量差；一个是质量不错，板型和设计令人不敢恭维。同时她表示，汉服圈最大的意外应该就是兰若庭的出现，当初几套平价汉服一下子就把自己的名声做起来了。不过她也觉得近些年各种低价汉服店铺遍地生花，199元三件套、188 元大全套的店铺数不胜数，高定还贵的汉服不吃香了。

小 A 个人比较喜欢齐腰和魏晋交领，觉得明制披风也超级好看。关于汉服配饰云肩，《延禧攻略》火了一把后，开始有店家尝试做，后面就呈现出多家模仿做云肩的情况。现在汉服消费群体中学生多一点，小 A 这类"入坑"很早的现在对于购买汉服基本都是随缘了。以前店家少，谁家上新消费者都一哄而上，找黄牛代抢，或者用抢拍器，买不到的还在闲鱼求二手或转单。闲鱼 APP 买卖东西很方便，就是买的二手衣服一定要清洗后再穿着；如果非要试穿一定要隔衣试穿。小 A 勉强记得，她买的第一件汉服就是在一个 QQ 群下单的彩云大全套，打包了两套头饰，一共花了 5000 多元。

平时正常出门小 A 喜欢穿常服，特意出门会选择齐腰汉服。关于设计，小 A 喜欢创新，但是希望最大限度地保留汉服本身的独特之处。小 A 觉得现在好多商家为了圈钱，不顾形制，争相效仿，汉服商家已经变味了。确切地说，应该是两三年前就已经变味了。对于只是带有汉元素的服装，小 A 个人还是比较喜欢的，也买了很多，日常基本天天都有穿。她的爸爸妈妈也很喜欢汉服，会支持她购买。

小 B 也是资深汉服爱好者。早些时候买汉服是感觉喜欢就买，后来发现汉服溢价越来越高。特别是有些汉服商家饥饿营销，或者把商品图拍得看起来高级一些就卖很贵。她一直疑惑，如果汉服因为产量小、成本高所以卖得贵，那为什么不提高产量、降低价格？后来她发现可能兰若庭做到了这一点。但是像早期的重回汉唐什么的，小 B 觉得虽然同样产量很大，但还是贵，而且质量不好。很多商家会找画师约稿或者自己画出示意图，挂到淘宝上收定金，然后才开始做。可能很多人看图片很美就下单了，收到之后发现跟想象中的不一样。同时，小 B 看到有的汉服商家总觉得自己高人一等，采用各种各样的霸王条款，她感觉很离谱。小 B 是三四年前开始接触百度汉服吧的，最开始看漫画什么的，觉得唐朝汉服不好看，有上衣裙子的才好看。后来在哔哩哔哩看到一个视频又觉得有些齐胸款真好看啊，但是当时在上学没有钱买，所以一直没买。小 B 最喜欢明制，但当时市面上的明制都做得不好看，更别说宋制，连影都没看见，倒是魏晋风的一抓一大把。后来凑巧《中华遗产》出了一个"最中国"专辑，小B把后面两期《最中国的服饰》看了，大概有了一些了解，感觉织金马面什么的还是好看些。

在发觉商家图往往和她想要的不一样之后，小B开始接触来料加工。因为这么做可以选择自己喜欢的面料，也可以选择裁缝，相对来说比较自由。缺点就是，裁缝不好挑，裁缝做不好板型可能翻车，工期可能长，工费一般也不便宜，一般都差不多100元甚至更高了。如果是成品，就拍了等收货就行；但来料加工不一样，可能买布的时候还没找到裁缝，需要先寄到自己家里，以后找到裁缝再寄给裁缝，来来回回邮费也不会少。如果找汉服裁缝，那么设计图一般不用自己画。所以小B一般选择团购，或者直接一条龙，会便宜一点。小B属于对板型要求比较高的，她觉得现在大众审美被影视剧"绑架"了，仙服深入人心，好不容易有汉服上热搜也没有啥好事。

小C有多年汉服圈经验。她觉得整体来说，汉服商业还是向着好的方向发展的。小C高中起从同学口中了解汉服，当时流行的是山有扶苏、宴山亭、汉尚华莲那些仙气飘飘、价格昂贵、形制错误的汉服，幸亏当时没钱买。大二正式"入坑"，因为之前受错误信息影响，觉得汉服一定要好看的人穿，还要全套造型，而自己驾驭不了。当时新认识的一个朋友是汉服圈的，非常热情，得知小C对汉服有兴趣后邀请她去试穿她的汉服，并且一起拍照和出街，小C由此也在朋友的影响下买了第一套"汉服"。但是由于朋友当时对汉服的了解并不深入，小C也不了解形制，于是在淘宝看哪套有仙气就买哪套，所以买的是双裙头齐胸汉风，真的是又勒又容易掉。后来陆续买了T恤坦领、绣花阔腿宋裤。但是在这个过程中也开始自己搜索信息，慢慢摸到了洞娘[1]那边，开始了解形制的重要性。那段时间知道形制重要性的人还不是很多，仙气飘飘的影楼装大行其道，到处都是又贵又劣质的绣花蚊帐布，形制党里外不是人。

小C现在大四，觉得越来越多的消费者和商家认识到形制的重要性，许多店铺的价格压下来了，"白菜价"，板型、做工及格的店铺也越来越多。另外汉服风

1　洞娘指新浪微博汉服交流博主"说给汉服"，会贴出汉服爱好者的稿件，对汉服相关各种问题进行讨论。

格也多了，除了仙气与复古，很多时尚风、少女风、优雅风，甚至朋克风的设计也非常漂亮。

在消费偏好选择上，小 C 认为正品和形制正确是最基础的要求，虽然自己偶尔也会买存疑款甚至汉风服装，但是店家必须明确注明，否则这会成为小 C 非常重要的拔草点。除了形制，小 C 其次看重的是设计，对于设计特别不错的衣服，小 C 愿意为设计付费，接受一定的溢价。接着是板型、布料和做工。明制立领一定要贴合脖子又不卡，马面裙和百迭裙的褶子必须整齐锋利，通袖长度合适，走线不"蛇皮"，绣花不疏松等。布料不能有廉价感，拒绝看着透但是闷热的化纤。然后是穿着率，小 C 会偏好购买日常能够穿出去的款式，而且要能够和她已有的汉服搭配，最好可以和时装搭配。同时小 C 不喜欢做造型，所以目前衣柜里留下来的没有非常华丽的款式。购买时小 C 会有一个心理价位，然后把心理价位和实际价格比较，超出太多就不买了。

小 D 属于精品汉服的爱好者，很少买大爆款。她认为汉服消费者基本上可以分为三类人：第一类是看它火，单纯想让自己变好看；第二类就是比较喜欢汉服，买了之后自己穿；第三类就是比较进阶的了，是从喜欢汉服文化进而喜欢衣服，然后才去买。第一类跟第二、三类很好区分，因为第一类连最基本的汉服形制都搞不懂，甚至都不知道那是不是真正的汉服，只是为了博人眼球。但是对第二类跟第三类就比较难以鉴别，他们通常都会有几身衣服，然后在外面也将别的汉服爱好者称为同袍。小 D 觉得第二类人会想自己穿什么衣服会更好看，但第三类人不是这样想的，她想的是衣服本来应该是什么样子，它有什么样的花纹，是什么样的颜色。她去穿着这件衣服的时候，会尽量让自己去还原古代人的装束，她更多地把自己当作一张画纸，为了展现汉服而在纸上作画。

汉服发展了十几年，圈子里出现了不少争议。

很多汉服消费者在消费的过程中，更倾向于成为某一家店的粉丝，这是小 D 很不能理解的。店家通常用 QQ 群来凝聚一些粉丝，店家无论出什么衣服，粉丝都愿意买，而这些衣服只不过宣称绣花精细、衣料华丽而已。汉服并不承诺七天无条件退货，当普通消费者（非粉丝）发现收到的汉服"翻车"，做工不好，再去找店家的维权时候，反而会受到这个店所谓粉丝的攻击。

同时，店家通常采用定金尾款制，收取了定金之后开始做衣服，做完之后再收尾款，这样二次收钱且定金不退，消费者体验很不好。此外，店家不可能抛弃大众的审美，去追求一些小众的人所认为的古意。真正的汉服，它昂贵就昂贵在用料与做工上，但这些才是真正的汉服。可这样的衣服，是赚不了钱的。小D觉得，汉服店家其实只是想挣钱，并不具备他们所标榜的情怀和风骨。所以像小D这样的形制党都会去定做，卖真正好看的汉服的店越来越少，同时汉服的价格虚高，因此小D认为汉服店根本就不是给真正爱汉服的人开的。

至于那些非常追求仙的汉服，是否属于汉服在圈里都有很大的争议。

小D认为汉服商业化面临着不少困难，宣称弘扬优秀传统文化的任务过于重大。而一部分所谓喜欢汉服的人，根本就不认为原本的汉服是美的，他喜欢的不过是穿上汉服之后变了个样子的他自己，或者说收获了别人赞许目光的他自己。坚持古意的那一部分人虽然很少，但是他们爱好持久，并且在圈子里的时间长，有自己的审美与喜好，还有积累起来的圈子里的人脉。

所以小D认为，在"破产三姐妹"汉服、Lolita和JK制服[1]中，其实汉服是最有市场前景的，她认为：对于中国来说，Lolita的一些消费者毕竟还稍微年轻一点，钱没那么多；JK制服对身材的限制多少是有那么一些的；而汉服对于身材和年龄的要求就宽松很多。

小E对大环境非常乐观，觉得整个市场环境都在变好。同时觉得汉服文化有更大的发挥空间。她希望汉服商家专注布料、板型、创新、复原、形制，跳出原有的一些固定模式，比如猫、桃子之类的刺绣纹饰。小E看到过一种印东方红卫星的汉服布料，觉得很不错，她希望汉服制作也可以紧跟时事。小E的生活体验是，觉得大环境是很宽容的，之前穿汉服去吃火锅被四五十岁的阿姨夸过衣服好看，大众已经没有那么不接受汉服了。小E觉得商家也该更认真了，汉服市场已

1　JK是日语当中的流行语，意为女高中生。JK制服即女高中生制服，一般分西式制服和水手服两大类型。

经不是 199 元一套，靠重工刺绣、模仿古装电视剧就能捞钱的时候了。她认为推行正确的汉服形制才能使市场发扬光大。同时她非常希望复兴帷帽这类新的汉服搭配。

小 F 的汉服购买体验是，一开始买的时候，汉服真的非常贵，她的第一套汉服是 2014 年上大学爸妈给的奖励。小 F 个人感觉以前是齐胸款更受欢迎，而现在款式更多。早期的齐胸款让人穿上像桶，而且非常容易掉落。小 F 认为，购买汉服一定要看板型，曾经购买的汉服板型不对，导致穿着非常不舒服。

小 G 购买汉服是因为小时候看过一部古风动漫，喜欢上了里面人物的衣服。但当时并没有关于"汉服""汉元素""影楼装"的具体概念，直到长大以后才逐渐明白。第一次购买汉服的时候不可避免地踩了雷，购买了不算汉服的"两片式双裙头齐胸襦裙"。

小 G 买汉服的时间不长。第一次购买在 2019 年年初，差不多也是这个时候小 G 开始试着了解更多汉服文化，比如形制。她说可能由于自己对汉服有一种特殊的情怀，加上对历史也比较感兴趣（形制跟历史是分不开的），她并不觉得形制麻烦和枯燥，她认为就是要讲究形制才行。小 G 也有过只是因为好看就买了魏晋风服装的经历，魏晋风和晋制真的很不一样。小 G 在 2020 年买过自己混搭的宋制，就是褙子、吊带和百迭裙，来自三个不同的店。她说按理来说应该买宋抹的，但是太难穿所以放弃了。她也买过一套汉制的直裾裙，加腰带发带，中衣中裤，因为秦汉时期留下来的东西少，比较难考据，所以做的店家也少，相应地就贵些。她最近一次买就是 2021 年 2 月在兰若庭家买的明制。

对于汉服改良，小 G 认为在坚持形制正确的基础上，把汉服改良成更加日常、更适应现代社会的衣服，是很厉害也很神奇的事。小 G 觉得改良不是魔改，形制是汉服的根，只有坚持大前提，才能算是以现当代人的方式进一步发展汉服。小 G 希望有更多的商家可以尊重、了解形制，多注重创新，像暗纹、刺绣这些东西，只要做好了就是锦上添花。也希望汉服的一些衍生品和衍生工艺能被更多地看见，被更好地传承。

　　小 H 在 2016 年左右买了第一套汉服，现在基本上会和时装混着穿，但是小 H 从商家那里买的成品一共就两三套，其他基本都是来料制作。其中的原因一方面是价格和质量不匹配，市面上大多数成品质量不是很好，价格也不低，这两年虽然出现了很多"白菜店"，但是制作都普遍较差，虽然高端店铺一直都有，但是价格与质量不符的情况很常见。另一方面是审美问题，现在很多店铺审美跑偏，多采用大面积绣花，却不精致。小 H 个人更偏爱棉麻布料，纯色或者带暗纹。其实每种布料都有它自己的特点，但是质量好的、穿着舒适的，成本必然更高。所以很多商家为了压缩成本，会适当放弃质量和舒适度。小 H 个人认为，现在的汉服市场肯定是比前几年更成熟的，但价格还是无法与同等质量、同等用途的时装匹配。小 H 觉得这跟买家的需求有关，很多购买者还是会为了拍照或者出去玩偶尔穿一下，所以追求的是便宜、华丽。商家因此也就不会在质感和舒适度上下功夫。

　　这些访谈者的购买体验和感受，能够让我们对汉服市场有更深入的了解，从细节处观察和了解汉服风潮在商业的层面上是如何作用的。

第七章　锦绣华裳：汉服走秀与表演

第一节　从街头秀到汉服雅集

一、街头的汉服秀

汉服之美需要通过视觉效果来呈现。怎样才能将汉服之美呈现在世人面前？从汉服运动兴起之初，同袍们就致力于寻找各种平台去展示汉服之美。

最初的汉服表演和走秀来自街头。由于汉服并不是日常服饰，带有很强烈的展示性和艺术性，所以在 21 世纪初最早期的汉服倡导者穿着自制汉服走向街头的时候，实际上就已经是在进行汉服走秀和表演了。这些自发的汉服走秀和表演，通过图片和文字描述的形式被记录在互联网上。

早期汉服与天汉网、贴吧、豆瓣紧密相连，在通过文字形式传播汉服知识之外，汉服爱好者还经常贴出自己穿着汉服的照片与同袍分享。只是那时大家对于汉服的形制和妆容的了解还不深入，照片通常看起来古典韵味并不浓郁。喜爱汉服却不懂得汉服，使当时的汉服爱好者们深感遗憾，于是陆续有同袍花了大量时间精力投入对汉服的复原研究和实践，致力于将汉服从历史的沧桑中唤醒。到了2015 年之后，汉服的街头秀变得越来越精致。经常可以在各种媒体上见到《故宫

瑞雪　汉服妹子抢风头》和《美女穿汉服现身纽约街头，引起大量老外围观，直呼：太漂亮了》[2]之类的报道，汉服出行已经逐渐成为一种能够被社会接受和欣赏的展示传统服饰的方式。

汉服制作水平的提高，加上新媒体技术飞速发展带来的助力，更多的汉服影像在新浪微博、微信公众号、哔哩哔哩和抖音平台上出现。通过社交媒体和自媒体传播的汉服相关内容可大致分为以下几种类型：教程类、科普安利类、影视类、歌舞类、变装类、盘点类、街拍类、开箱类。[3]这些平台各自都有大批的关注者，但是，只有这些平台上的产出还不够，汉服需要更广阔的舞台、更多的观众。由此各种汉服文化集会活动、汉服走秀和汉服表演出现了。

二、西塘汉服文化周

西塘汉服文化周发起于2013年，刚好是汉服运动发轫10周年之后。发起者为方文山，台湾地区著名词作人，汉服爱好者与推进者。之所以选择浙江嘉兴西塘古镇作为活动地点，是因为作为古代吴越文化的发祥地、江南六大古镇之一，西塘的建筑清新典雅，生活质朴悠然，有着浓厚的古典文化韵味，能够与汉服相得益彰、相映成辉。

第一届西塘汉服文化周举办于2013年11月1日，共有370多名汉服爱好者从全国各地赶来参加。第一届西塘汉服文化周的日程包括汉服文化高峰论坛、乡饮酒礼、茶礼、见山书法秀等十几项活动。其中最为引人注目的是乡饮酒礼，此礼起源于周代，盛行于明清，是尊老敬老之礼。首届西塘汉服文化周的乡饮酒礼由于参加人数众多，创造了世界最多人着汉服参加乡饮酒礼的纪录。[4]

1　侯少卿.故宫瑞雪　汉服妹子抢风头[EB/OL]. (2019-2-14)[2023-2-8]. https://www.sohu.com/a/294664719_114988.

2　看穿奇闻趣事.美女穿汉服现身纽约街头，引起大量老外围观，直呼：太漂亮了[EB/OL]. (2019-10-6)[2023-2-8]. https://new.qq.com/omn/20191006/20191006A0ATPG00.html.

3　孙亚茹.新媒体背景下汉服文化传播研究：以抖音平台为例[J].新闻传播, 2021（12）：40-42.

4　人民网.西塘370人着汉服行"乡饮酒礼"破吉尼斯纪录[图][EB/OL]. (2013-11-2)[2023-2-18]. http://culture.people.com.cn/n/2013/1102/c22219-23411224.html.

首届西塘汉服文化周开幕仪式中，少数民族服饰与汉服同台亮相，体现了民族团结。同时西塘汉服文化周主办方邀请到当代对传统礼仪研究颇有建树的专家学者、投身汉服复兴多年的社团负责人等，分别举办了高峰论坛和百家论坛，探讨汉服的历史与发展，展现中国传统文化风采。

首届西塘汉服文化周还邀请了汉服北京射艺小组进行明代箭阵操演。射礼中蕴含着"发而不中，反求诸己""礼乐相和"的精神风貌，是中国重要传统礼仪之一。小组成员们利用空闲时间研习射艺、编排箭阵，就是为了让更多人了解这项传统礼仪。核心成员陈雪飞通过考据古籍，亲手绘制图样，成功复原了明代飞鱼服。2014年中央电视台播出的纪录片《矢志青春》记录了这群年轻人的坚持与妥协，热爱与无奈："我们复兴汉服，不是为了回到过去，不是复古，是为了找回我们民族曾经美丽的东西。"在纪录片最后，陈雪飞说道："如果有一天我走在大街上，人们不会用奇怪的目光看着我，也不会问我是日本人还是韩国人，这就够了。"

首届西塘汉服文化周成功举办之后，此后每年10月底到11月初，汉服文化周都会如期在西塘举行。随着西塘汉服文化周的影响力越来越大，参与人数也逐年增多，由2013年第一届的370多人，发展到2019年第七届的10.8万人。[1]西塘汉服文化周的活动也日益丰富，由第一届的十几项活动，发展到现在的30多项活动，主要包括：西塘杯传统弓射箭古镇定向赛、汉服形象大使分享交流会、汉服团体标准宣讲会、文化周系列丛书作者分享签售会、花船巡游、水上传统婚礼、汉服团体标准研讨推介会、射箭表演赛、战阵操演、全甲格斗、汉服新品发布会、铠甲T台秀、配音之夜、汉服真人秀、花船巡游、西塘宋风婚礼、生日会、全民汉服大K歌、水上T台秀、汉服夜游、花西子创意妆造大赛及闭幕式等活动。[2]西塘汉服文化周的繁荣，不仅吸引了更多的人欣赏和穿着汉服，也为当地的旅游业带来长足发展。

1　陈康，杨希林，郑剑瑾.七夕到，多对白衣天使的大婚等你观礼[EB/OL]. (2020-8-11)[2021-8-21]. http://qjwb.thehour.cn/html/2020-08/11/content_3873509.htm?div=-1.

2　King. 衣冠盛世 | 第八届西塘汉服文化周盛大开幕！[EB/OL]. (2020-11)[2023-2-8]. https://hanfusong.com/archives/5025.html.

三、中国华服日

中国华服日是继西塘汉服文化周之后另一个重要的汉服活动。与西塘汉服文化周的民间组织形式不同，中国华服日是由共青团中央牵头发起的。21世纪以来，随着国家实力不断增强，提升文化软实力、促进文化自信也成为重要议题。国家重视传统文化复兴与传承，多次提出复兴优秀传统文化并给予政策支持，2017年中共中央办公厅、国务院办公厅印发《关于实施中华优秀传统文化传承发展工程的意见》，倡导设计制作更多中华传统特色服装。

由于农历三月初三是中华民族始祖黄帝的诞辰，于是选定在每年的农历三月初三为中国华服日。2018年4月首届中国华服日在西安大明宫遗址紫宸殿宣布开幕，当天进行的活动有第一届中国华服秀和第一届华服日国风音乐盛典，新浪微博、哔哩哔哩、QQ空间、一直播、快手、虎牙、唱吧等多个平台进行了直播，截止到当天晚上10点，有超过1867万人次观看了直播。[1] 此后中国华服日活动每年农历三月如期举行，第二届的举办地点是西安大唐不夜城，第三届在开封龙庭公园，第四届在澳门金光综艺馆。从2020年开始，庆典活动有了自己的主题：2020年第三届中国华服日的主题是"与子同袍，共克时艰"，2021年第四届中国华服日的主题是"海镜云裳"。共青团中央在哔哩哔哩的账号上传了中国华服日活动的视频，每个视频下面都有几千条评论。

西塘汉服文化周和中国华服日带来的热度使人们对于汉服的魅力更有自信，各路媒体对于传统文化的传播加速了民族自豪感的回归。与汉服相关的电视节目也频频出圈，2021年河南卫视春晚中的展演节目《唐宫夜宴》将"汉服热"推到高潮，节目参考了河南博物院中的一组唐三彩乐俑的服饰，采用了喜闻乐见的情境式表演，少女们娇俏的身姿配合飘逸裙摆，让观者体验了"鬓云欲度香腮雪，衣香袂影是盛唐"的景象。当然，汉服火爆出圈不是毫无征兆的，而是多年来铺垫的结果，此前中央电视台推出《衣尚中国》《国家宝藏》两档节目，或通过服饰讲

1　孙海华.中国华服日活动西安举办[EB/OL]. (2018-4-20)[2021-8-21]. http://news.cyol.com/yuan chuang/2018-04/20/content_17115864.htm.

述中国人的创造力及中国文化的多元包容力，或以服饰为依托还原文物的前世今生，肯定了服饰的价值，与观者共情，为当今的汉服热潮奠定了基础。

第二节　大舞台上的彩袖霓裳

一、《汉服春晚》

2011 年年初，百度汉服吧和海外留学生同袍一起推出了《汉服春晚》。早在 2009 年，百度汉服吧就有汉服拜年活动，到了 2010 年，开始策划推出《汉服春晚》，在百度汉服吧发帖征集创意和节目。举办《汉服春晚》的目的是让汉服呈现在更多的观众面前，由此推动实现汉服复兴的目的。

经过数月的筹备，《汉服春晚》于 2011 年 2 月 3 日在优酷发布，并同时在百度汉服吧开帖直播。这次《汉服春晚》一共有 23 个节目，包括汉服歌舞、书法国画、戏曲方言等内容。关于《汉服春晚》的宗旨，主办方在百度汉服吧直播帖里表述得很清楚："汉服，是民族精神的象征，华夏文化的载体，炎黄子孙的皮肤，我们复兴它，有助于更好地迎接创造下一个文明段。汉服，我们复兴它，不是为了与世隔绝，与人有隙，画小圈圈，它需要走入生活，走入家庭。《汉服春晚》，它的主题是传统雅文化的回归，如果您方便，邀请您的家人、朋友、亲戚一起观看，一起感受汉服复兴的意义，谢谢！"[1] 在优酷的直播视频和百度汉服吧的直播帖下面，都有不少汉服同袍的评论，述说着看到人们穿着汉服、行汉礼拜年的感动，感到中华民族的优秀传统文化又重新焕发了生机与活力。[2]

由于 2011 年的《汉服春晚》引起了不小的反响，2012 年《汉服春晚》继续举办，并且与第一届相比，有了更多的资源和支持：有商家赞助服装道具，有词作

1　大汉玉筝. 2011 年汉服春节联欢晚会【视频+图片】[EB/OL]. (2011-2-3)[2023-2-8]. https://tieba. baidu.com/p/992088599?pn=1.

2　大汉玉筝. 2011 汉服春节联欢晚会 [EB/OL]. (2011-2-3)[2023-2-8]. https://v.youku.com/v_show/id_ XMjQxNDM2MDUy.html.

者方文山和网络歌手董贞等人的协助，节目的服装、制作、编排和画质都更加精美。2011 年《汉服春晚》在百度汉服吧的直播帖是由大汉玉筝发布的，而 2012 年《汉服春晚》的发布者是汉服春晚组，这次《汉服春晚》的直播帖有 1300 多条回帖，比 2011 年《汉服春晚》直播帖的回帖多了 400 多条。此后，《汉服春晚》每年都会举行，且服饰、化妆和道具越来越精良，也更加符合传统形制。从 2015 年开始，汉服春晚组在哔哩哔哩注册 ID，将《汉服春晚》的视频发布在哔哩哔哩。从哔哩哔哩现有的《汉服春晚》视频的点击量和评论量来看，每年观看《汉服春晚》的人数总体来说呈上升趋势。

二、华裳秀典·国风时装秀

商业力量的介入迅速扩大了汉服的舞台。2017 年，杭州次元文化创意有限公司联合数家文化机构和 8 位时尚名人，发起了华裳九州文化推广活动。"华裳九州"的含义，据主办方介绍："华裳"指中华民族的上下 5000 年历史发展中出现的各种服饰，"九州"则是中国古代的地理称谓；而所谓"文化推广"，主打的是商业汉服的推广和销售。2017 年 10 月 21 日，"华裳秀典·国风时装秀"在杭州创意设计中心上演，之后华裳秀典·国风时装秀活动每年都会不定期举办，且参加走秀的汉服品牌迅速增加，影响力也在逐步扩大。

参加 2017 年的华裳秀典·国风时装秀的汉服商家主要有锦瑟衣庄、山居秋暝、汉尚华莲、鹿韵记、九锦司、江南桃花家、净燃、踏云馆、织羽集、琉璃织、灵锦集、玥初弦。这些商家都拿出了自己最有代表性的作品参加华裳秀典·国风时装秀，作品大多以古典诗词、绘画、人文掌故来命名，充满优雅韵味。比如锦瑟衣庄参加走秀的作品是"鹊桥仙"，灵感来自秦观《鹊桥仙》中的名句"两情若是久长时，又岂在朝朝暮暮"，服装的特色是"月白色的上袄似皎皎月光，下裙由月白渐变至甘草色，外加透明度高的纱质长比甲，营造如梦的缥缈之感。全套纹饰有象征着回忆和相思的枫叶，以及喜鹊，突出鹊桥仙的主题，辅以云纹，整套雅致却不显寡淡"。山居秋暝参加走秀的作品是"素问"，"素问"一词来自《黄帝内经》

中的"素问篇"，此篇以阴阳平衡、天人感应作为医理的基础。山居秋暝的作品素问的特点是："上袄面料是全真丝浮雕立体暗纹提花，上袄带里子，可搭配性非常强！做清莲大披风的内搭袄子也是非常棒的选择。下裙为全真丝面料，单层柔软垂顺，采用接近白色的淡粉蓝。"强调自然和谐。[1]

主办方杭州次元文化创意有限公司把 2017 年华裳秀典·国风时装秀的视频发布在哔哩哔哩上，截止到 2021 年 8 月底，该视频已经有了 30 多万点击量和 800 多条讨论。这次华裳秀典·国风时装秀打出了弘扬、传承中国传统文化的旗帜，针对这条视频，网友除了对服装风格、模特造型进行评论，还承担起了科普传统文化常识的职责。比如一位 ID 为"阴阳家蠹楼"的网友详细解释了刘海的来由："相传有一位唐代的仙童，名叫刘海（见安徽《凤阳府志》）。刘海的前额总是覆盖（垂下）着一列整齐的短发，使其模样童稚、可爱。为此，画家画仙童肖像，便以刘海为模板，使其前额垂着短发，骑在蟾蜍上，手舞一串钱。而后，人们额上留的短发，便被称为'刘海'。清朝王韬的《淞滨琐话》载：'面同满月，眼若明星，只髻簪花，如世间所绘刘海状。'清朝李伯元的《文明小史》第十九回写：'众人举目看时，只见一个个都是大脚皮鞋，上面剪刘海，下面散腿。'许多人未经考证，不知道'刘海'的来历，经常写成'留海'，这是错误的。"由此可以看出，华裳秀典·国风时装秀不仅为受众提供了直观的汉服视觉体验，还开辟了对传统文化的讨论空间。

2020 年 10 月，华裳秀典·国风时装秀与四川成都萤火虫动漫游戏嘉年华主办方合作，准备 10 月 3 日在该活动的国潮主题馆进行汉服走秀表演。但是由于主办方未能准备好允诺的场地，2 号晚上突然临时通知要取消 3 号晚上的表演。突如其来的取消引发了商家和模特们的抗议，愤怒的商家质疑主办方：他们来参赛的每件作品都投入了大量的时间和金钱，这个损失应该由谁来承担？为了参加比赛不

1　杭州市服装设计师协会.华裳九州｜华裳秀典·国风时装秀[EB/OL].(2017-10-11)[2023-4-28]. https://mp.weixin.qq.com/s?__biz=MjM5NjI1OTk0MQ==&mid=2652169363&idx=1&sn=ed6c33f 71b17efd5e940eb7883743cd1&chksm=bd0bb5998a7c3c8ff75da0187a6abdc85aa87fcb2c177042f617fa9 7c3840653a799c0fe9bcd&scene=27.

眠不休准备了两个多月的模特崩溃大哭。后来事件得到了折中处理，原本预估三小时的表演，变成了一小时。模特们匆匆登台完成了走秀。尽管这次走秀过程仓促，这次参展的服饰仍然因其精致华美得到了受众的肯定，由此可以看到华裳秀典·国风时装秀的受欢迎程度。

三、中国装束复原团队的复原秀

成立于 2007 年的中国装束复原小组，是一个对汉服复原异常执着的团体。2009 年他们在网络贴出了复原汉、东晋和唐的衣饰及妆容的图片，一时间在同袍群体中引起广泛讨论。这三套服饰分别是：按照湖南西汉马王堆辛追墓出土的曲裾袍复原的西汉长寿绣曲袍；按照甘肃花海毕家滩 26 号十六国墓壁画人物及东晋十六国出土陶俑形象复原的魏晋襦裙；按照新疆阿斯塔那出土衣俑及唐墓壁画陶俑复原的初唐联珠锦半臂绿襦间色裙。[1] 这三套高度还原的汉服奠定了中国装束复原小组在汉服界的影响力，同时也带动更多同袍向历史的纵深处挖掘汉服之美。

中国装束复原小组不断扩大的影响力为他们带来了更多展示汉服的机会。2012 年，中国装束复原小组曾应外交部邀请，代表中方参与在首尔举办的中日韩三国传统服饰展演。2017 年 5 月，中国装束复原小组分别在上海戏剧学院（见图7.1）、南京丝绸艺术博物馆举办了两场历代装束复原秀。这两场复原秀以从汉到唐的服饰为还原对象，服饰制作精细，风格古朴端庄。无论是秀场还是模特都没有进行过度装饰，而完全依靠服饰本身来说话。这轮复原秀的表演视频在 2018 年被中国装束复原小组传到哔哩哔哩上，截止到 2021 年 8 月底已经有了接近 15 万的点击量、600 多个评论。汉服爱好者们在评论里表达了对中国装束复原小组的高度敬佩和赞扬，网友复不忘耶说："我无法用语言来表达我现在激动的心情……总之超喜欢中国装束复原小组的汉服！" 90hou2 说："这两年汉服的曝光度简直冲出天际，衷心感谢中国装束复原小组团队，从此以后再也不用为找到正确形制的汉

1　杨娜.汉服归来[M].北京：中国人民大学出版社，2016 年，第 151 页.

服而花费时间了。这就是教科书！"[1]

图7.1 2017年5月在上海举办的历代装束复原秀

接下来的时间，得到广泛好评的中国装束复原小组团队受邀进行了更多表演。2017 年 12 月 15 日，华侨城西部集团邀请中国装束复原小组在四川成都安仁古镇成功举行了中国历代服饰秀，这次服饰秀的历史跨度更大，从战国直到宋代，展示了中国装束复原小组的最新研究成果。2019 年 5 月 18 日，由国家文物局和湖南省人民政府共同主办，中国博物馆协会、湖南省文化和旅游厅、湖南省文物局、长沙市人民政府联合承办的第四十三届"国际博物馆日"，邀请中国装束复原小组参加主会场开幕式"博物馆之夜"，进行古代服饰复原走秀。2020 年 12 月，中国装束复原小组参与录制了中央电视台的节目《衣尚中国》，展示了那些曾在中国几千年历史中流转的时尚。

中国装束复原小组除了汉服秀之外，还经常参与其他与传统文化相关的表演。

1 中国装束复原小组. 原装束复原·2017·上海·历代服饰秀[EB/OL]. (2018-6-22)[2023-2-8]. https://www.bilibili.com/video/BV13s41177P1?spm_id_from=333.999.0.0.

2019 年 5 月，中国装束复原小组与国风乐团自得琴社合作，录制了器乐曲《空山鸟语》的视频。自得琴社的乐手在这个视频中的服饰妆容由中国装束复原小组打理，韵味十足，温柔隽秀，与古雅的乐声相得益彰。在视频中，每一位乐手的发型服饰都有印章形的字幕加以说明，比如：吹长笛和执颂钵的乐手穿的是朱色提花绫圆领袍，戴黑色幞头；负责小型打击乐器的乐手穿着绿色暗花罗衫、白绫暗花纱裙，挽染缬罗帔帛，梳扁髻；弹古筝的乐手穿着桃色印花绢衫，黄色印花纱裙，挽白色印花帔帛，梳扁髻；操古琴的乐手穿着藕色印花绢衫、朱色印花纱裙，挽白色印花帔帛，梳朝天髻；击框鼓的乐手穿着嫣色暗花罗衫、朱色纱裙，梳扁髻。整体服饰、发型和妆容恰到好处地还原了宋代清雅的风格，看上去像是宋画上的人物在视频中复活了。这个视频非常受网友欢迎，截止到 2021 年 8 月底有 124 万多的点击量、3000 多条评论。有不少网友说看到这样唯美的画面、听到这样悠远的声音，会感动到流下眼泪。还有网友在视频下写诗赋词，表达对作品的喜爱。[1]

各种汉服雅集和走秀，将汉服之美呈现得更加充分细腻，吸引了更多汉服爱好者穿着和欣赏汉服。围绕汉服走秀和表演，一些新的行业慢慢孕育成形，比如汉服模特、汉服造型师和汉服摄影师。其中，汉服模特尤其引人注目，因为这些模特不是按照以往模特行业非常西化的体貌特征遴选出来的，他们具有非常浓厚的中国古典韵味，具备圆脸庞、单眼皮、圆润的身材——这些在穿着西式成衣时往往被视为劣势——穿上汉服、画上古典妆容往往能呈现出异常动人的美丽。由此可以看到，汉服走秀和表演，正在塑造国人的审美旨趣中发挥着越来越显著的作用。

第八章 镜里春秋：汉服在古装剧中的呈现

古装电视剧是中国，乃至全世界传统文化圈都十分受欢迎的剧种。制作精良的古装电视剧，不仅能够使观众通过剧情了解到更多的历史知识，也将古代的生活画面呈现在众人面前，由此使现代人能够从中找寻到与本民族历史的连接和文化上的归属感。而剧中人物的服饰造型，又是电视剧所展示的生活场景中最吸引人的部分。本章选取了几部在服饰设计方面比较有代表性的电视剧，分析其服装、配饰及妆容的特点，并与真实史料相比较，由此来看流行影视剧如何呈现汉服，并对大众的汉服知识产生了什么样的影响。

第一节 汉朝:《汉武大帝》中的深衣与红装

《汉武大帝》是由中国电影集团公司、世纪英雄电影投资有限公司拍摄于2004年的一部58集电视剧，曾获得过第二十五届中国电视剧飞天奖优秀长篇电视剧奖、优秀导演和优秀男演员奖。除了剧情和表演外，这部剧的服饰和妆容在豆瓣和哔哩哔哩等平台上也颇受好评，网友们认为它还原程度较高，比较贴近史实。

《汉武大帝》讲述了汉武帝刘彻作为一个拥有雄才大略的帝王的一生，在刘彻的统治下，西汉成为那个时代世界范围内国力最为强盛的国家。汉武帝是西汉的第七任皇帝，他登基之时，汉代建立了60多年。由于秦汉过渡期百姓太过困苦，因而汉朝建立后实行休养生息的政策，一般制度都沿袭秦制，也包括冠服制度。受秦朝服饰的影响，汉代皇帝和太后多着黑色。在《汉武大帝》这部剧中，汉武帝的服饰多为衣裳连属的右衽服饰，有宽袍大袖，领口、袖口绣有花边，在袍服下摆处，常打一排密裥，也有的被裁制成月牙弯曲状。

汉朝的冠种类多样，是区分地位的主要标识之一。但由于汉初实行休养生息的政策，汉初的冠大多比较简朴。剧中汉武帝常戴一种刘氏冠，刘氏冠相传是由汉高祖刘邦所制，因而普通人不允许佩戴，只有获得一定的军功爵位的人才有资格戴。

汉朝的冠下有一带状的颏[1]与冠缨相连，在下巴下面系紧，是起固定作用的；到了东汉则先用巾帻包住头，然后再戴冠。戴巾有表示成年的意思，古时男丁20岁行成人礼，贵族士人加冠，平民庶人裹巾。有一个词叫"黔首"，意思是平民老百姓，就是指当时的百姓有以黑巾裹头的习惯。

汉朝男子配饰众多，佩钩、绶、印，还有剑。在汉代，有身份的男子都要佩剑。剑有短剑、长剑，用剑带佩带在身上。短剑的剑带可以与腰带合二为一，长剑的话要在腰带之外另外配专门的剑带。剑带比腰带稍往下一点，方便拔剑和插剑。由于佩剑是身份地位的象征，经常会使用名贵器物装饰剑，最常见的是玉器。在汉代出土的玉器中，有不少是剑上的装饰，比如玉剑首、玉剑格、玉剑珌等。在《汉武大帝》中，刘彻经常腰悬长剑，以此衬托帝王的威仪。

汉武帝登基之初，汉朝经济日益繁荣，人们的衣物配饰也日趋奢华，由于没有明确的规定，民间在服饰打扮的规格上颇为混乱，时常出现富裕的商人比贵族穿着还要华丽的情况。出于框定尊卑上下、身份阶层的考虑，加上之前沿用的秦朝历法《颛顼历》与农事不符，对农业生产的发展有严重影响，因此汉武帝决定改正朔，易服色，表示受命于天，把元封七年改为太初元年（公元前104年），以正月为岁首，服色尚黄，数用五，将官印上的铭文从四个字改为五个字。但是这一行政命令并没有转化为实际的典章制度。黄色也直到隋唐时期才变为皇室的专用色。[2]

1　古代用以束发固冠的发饰。

2　王书熙. 汉武帝刘彻全传[M]. 北京：企业管理出版社，2018年，第208页.

汉朝男子服饰大致分为曲裾和直裾两种，由战国时期流行的深衣延续而来。汉朝虽仍沿用，但多见于西汉早期，到东汉，曲裾已经不常被男子穿着，且不能作为正式礼服。但曲裾并不是男性独有的服饰，秦汉时期女子也常穿曲裾，相较于男子，女子所穿的曲裾通身紧窄、长可曳地，下摆一般呈喇叭状，行不露足。曲裾衣袖有宽窄两式，袖口大多镶边。衣领部分很有特色，通常用交领，呈鸡心状，领口很低，以便露出里衣。如穿几件衣服，每层领子毕露于外，最多的达三层以上，时称"三重衣"。[1]

《汉武大帝》中女性角色的妆容也比较贴合历史。剧中年轻女子的妆容是汉时十分流行的，叫"红妆"，也叫"慵来妆"。化这种妆面要先涂抹米粉或者铅粉，使得皮肤看上去十分白皙，再施以红粉和胭脂，所以叫"红妆"。因为这个妆容会使人看上去比较慵懒，所以也称"慵来妆"。汉朝眉形主要为远山眉、蛾眉及长眉，口脂集中在嘴唇中部，成圆形，称樱桃唇，虽然不是太符合现代的审美，但也别有一番韵味。此外，汉朝女子的发髻与后世比起来相对简朴，一般只是挽髻，发饰简单，有时干脆没有发饰。汉代常见的发型有鬓髻、垂鬓髻和椎髻。

《汉武大帝》早期剧情有一个重要的场景是刘彻与阿娇的大婚。刘彻和阿娇就是"金屋藏娇"典故中的主人公。剧中阿娇穿着红色的婚服，头上挂着黑色的蕾丝纱，手中托着红色的丝绸大花，看上去十分喜庆。但其实汉朝的婚服承袭了秦制，以玄红二色为主，其中又以玄色为主，剧中刘彻和阿娇的满目大红并不完全符合时代背景，这应该是剧组出于对视觉效果的考虑而进行的再创作。阿娇大婚时头上装饰的黑纱，史料中不见记载，应是剧组原创的头饰。

汉朝女子的婚嫁服饰妆容，我们也可以从《孔雀东南飞》的一段节选中品味一番："鸡鸣外欲曙，新妇起严妆。著我绣夹裙，事事四五通。足下蹑丝履，头上玳瑁光。腰若流纨素，耳著明月珰。指如削葱根，口如含朱丹。纤纤作细步，精妙世无双。"这段诗句详尽描述了东汉末年新嫁娘装束之精美。

1　余徐刚. 文化艺术的历程 [M]. 重庆: 重庆大学出版社, 2010 年, 第 67 页.

第二节　唐朝:《大明宫词》中的衮冕和襦裙

《大明宫词》是 2000 年在中央电视台热播的古装剧，讲述了女皇武则天和女儿太平公主之间纠葛的母女关系，该剧以此为主线展开了对唐初繁华盛世的描绘。《大明宫词》的服饰华丽精美，在当时的观众中有很高的口碑，即便在今天仍然经常被人提及怀念。

剧中唐高宗李治是一个关键人物。他在朝会时穿着的是帝王最高规制的礼服衮冕。唐高祖李渊于武德七年（624 年）颁布了新律令，即著名的《武德律》，其中有关于服装的律令，计有天子之服十四、皇后之服三、皇太子之服六、太子妃之服三、群臣之服二十二、命妇之服六。天子服饰按穿着场合分为礼服和常服。礼服中主要有大裘冕和衮冕。其中大裘冕因其不够实用、不够美观而被废，自李世民起，唐朝天子常穿的礼服就是衮冕了。

《旧唐书·舆服志》记载:"衮冕，金饰，垂白珠十二旒，以组为缨，色如其绶，黈纩充耳，玉簪导。玄衣，纁裳，十二章，八章在衣，日、月、星、龙、山、华虫、火、宗彝;四章在裳，藻、粉米、黼、黻，衣褾、领为升龙，织成为之也。各为六等，龙、山以下，每章一行，十二。白纱中单，黼领，青褾、襈、裾，黻。绣龙、山、火三章，余同上。革带、大带、剑、珮、绶与上同。舄加金饰。诸祭祀及庙、遣上将、征还、饮至、践阼、加元服、纳后、若元日受朝，则服之。"[1] 剧中唐高宗的衮冕并没有完全还原上文所述内容，像下裳应为纁色，但剧中下裳的颜色更偏于黄，也没有佩剑、绶等配饰。

皇帝礼服是重大场合的穿着，而在后宫，皇帝最常穿的是常服，配以折上巾、九环带、六合靴。自贞观之后，除了在元旦、冬至接受臣子朝贺及举行重要祭祀的时候，皇帝均可以穿着常服。[2] 常服就是窄袖的圆领袍衫，这种圆领衫官员百姓

1　周峰编著.中国古代服装参考资料（隋唐五代部分）[M].北京:北京燕山出版社,1987 年,第 336 页.
2　徐家华,范丛博,冯燕容,等.中国历史人物造型图典书系:汉唐盛饰[M].上海:上海文艺出版社,2018 年,第 68 页.

也可以穿着，只不过赤黄色的袍衫只有皇帝能穿，其他人不可逾越违制。据宋人的《野客丛书》记载："唐高祖武德初，用隋制，天子常服黄袍，遂禁止庶不得服，而服黄有禁自此始。"皇家对黄色的专有从这个时候便开始了。到了天宝年间，皇帝御案和龙床上的物品，也都从紫色改为了黄色。[1]赤黄色渐渐演变成了皇权的象征。后赵匡胤陈桥兵变，麾下给其披上黄袍，这是"黄袍加身"的由来。

不过《大明宫词》中服饰造型最醒目的角色并不是唐高宗李治，而是以太平公主为首的女性角色。太平公主少年时期所穿的是齐胸衫裙，配有帔帛。上半身为窄袖短襦，下半身为曳地长裙，清灵俏丽。这样的装扮在初唐十分多见，而到盛唐时期，贵族衣着又转向阔大，每套衣服都要用去许多布料。唐时上襦的领口变化多样，其中袒胸大袖衫一度流行，展示了坦荡宏阔的精神风貌。齐胸衫裙根据上衣领子的不同，大致分为两种款式，一种是对襟齐胸衫裙，一种是交领齐胸衫裙。齐胸衫裙最早出现于南北朝时期，直至宋代理学兴起才逐渐被废除。而齐胸衫裙配帔帛的服装样式也是古代仕女图中最典型的造型。

青年时期的太平公主最常见的造型是内穿诃子，外罩大袖衫，腰间用宫绦装饰。诃子相传由杨玉环发明，《事物纪原》载："贵妃私安禄山，指爪伤胸乳间，遂作诃子饰之。"[2]诃子是一种无肩带的胸衣，也称"抹胸"，流行于唐朝、宋朝和明朝。但杨贵妃出现的时期在太平公主之后，这可能是剧组为了造型的美丽而借用了稍后时期才出现的服装样式。

太平公主的发饰很容易让人联想到相传为唐代画家周昉所作的《簪花仕女图》。画卷描绘了在暮春初夏之际，贵族仕女带着侍女们赏花游园的场景。画中女性典雅富丽，从中可以窥见盛唐时期贵族妇女装束的奢华。这些仕女们外穿以轻纱制成的罩衫，内着高腰束胸裙，臂挽帔帛，发髻高梳，头戴大朵牡丹或者步摇，有的颈项间还戴有云纹金项圈。这些经典的唐代造型元素，在《大明宫词》中的太

---

1 岳麓书社编.古今笔记精华录上.长沙：岳麓书社.1997年，第80页.

2 高承撰.事物纪原[M]//沈雷，等.针织内衣款式与装饰设计.上海：东华大学出版社，2009年，第18页.

平公主、安乐公主、贺兰氏等女性形象造型上有着充分体现。但《簪花仕女图》绘于安史之乱之后，比太平公主所在的时期晚了许多年。

《簪花仕女图》中的仕女形象是唐代最为经典的女性造型，人们提及唐代就会想到这些造型，因此以唐代为背景的影视剧大都会对《簪花仕女图》加以借鉴，用以满足现代观众对大唐盛世富丽的人物形象的想象，所以在《大明宫词》中出现类似服装、发型、头饰也不奇怪。

唐代的妆容很有时代特色，在《大明宫词》中也有所体现。比如太平公主出嫁时的妆容：眉尾微翘，形似蛾眉，眼角有淡淡的额黄，一直延伸到额角，唇边还有鹅黄色面靥。

额黄也可以叫作"鹅黄""鸦黄""约黄""贴黄"，指的是用黄色颜料涂抹，或者用黄色织物粘贴于额间的一种妆容。额黄起源于南北朝或更早些。南朝梁简文帝《戏赠丽人》诗："同安鬟里拨，异作额间黄。"初唐虞世南《应诏嘲司花女》诗："学画鸦黄半未成，垂肩蝉袖太憨生。"李商隐《蝶》诗云："寿阳公主嫁时妆，八字宫眉捧额黄。"温庭筠《照影曲》诗云："黄印额山轻为尘，翠鳞红稚俱含嚬。"由此可知从南北朝至唐朝，妇女多有涂额黄的习惯，有时黄色颜料会涂成小山的形状，所以又可以叫作"额山"。用颜料晕染额黄的方法又可分为全涂和半涂，全涂就是涂满整个额头，半涂就是局部涂抹，用清水晕染出层次。[1]《大明宫词》中太平公主只在额角轻扫额黄，这应该是从半涂法中变化而来的。

除了额黄外，《大明宫词》中太平公主还在嘴边颊上点有额黄。这种装饰方法是面靥的变体。历史上的面靥通常用胭脂点成，也可将金箔、翠羽剪成小圆形贴在嘴角。面靥至少在东汉就已经出现了，传说最初产生于皇宫中，是一种特殊标记，当一位宫女月事来临，不方便接受帝王宠幸的时候，就在唇边颊上点上两个小点。后来这种做法被当作一种装饰手法传到民间。东汉刘熙《释名·释首饰》中说"以丹注面曰的。的，灼也。此本天子诸侯有群妾者，以次进御。有月事者，止不御，重不口说，故注此于面，灼然而识也"。后又有王粲《神女赋》中说："施

1　汪旭编著.唐诗全解[M].沈阳：万卷出版公司，2015年，第208页.

华的，结羽钗。"傅玄《镜赋》言："珥明挡之迢迢，点双的以发姿。""的"就是指面靥。[1]虽然面靥东汉就出现了，但到了唐代更加流行。

唐朝的妆容，整体而言色彩艳丽、大胆新奇，这与唐朝包容开放的风气密不可分。

第三节　宋朝:《清平乐》中的帝后冠服

《清平乐》由正午阳光影业、中汇影视、腾讯视频联合出品，于2020年4月在湖南卫视和腾讯视频播出。该剧讲述了宋仁宗的生平业绩。

宋仁宗在民间故事里有着传奇的身世。据说北宋真宗继位之后多年无子，忽然有一年，宫中的李妃和刘妃同时有孕，这时皇后去世已久，真宗向两位妃子许诺，谁先诞下皇子，谁就可以成为皇后。李妃首先发动了生产，素来有心计的刘妃害怕李妃先生下皇子，就暗中勾结宫中总管郭槐，在李妃生下皇子之后，用一只剥皮的狸猫换下了孩子，说李妃生的是一个妖怪。郭槐让宫人寇珠杀死刚出生的皇子，寇珠不忍心，偷偷将小皇子送去给八贤王抚养。稍后刘妃生下皇子，被封为皇后。但刘妃的儿子几年后就夭折了，真宗无奈之下，把八贤王的儿子带入宫中收为义子，立为太子。这个孩子其实就是当年被狸猫换掉的李妃的孩子。数年后真宗驾崩，太子继位，是为仁宗。当年李妃被刘妃暗害不成逃出宫廷，在流离失所之中遇到了包拯，在包拯的协助之下，历经波折将当年的真相揭示出来。已经成为太后的刘妃自尽而死，李妃被仁宗接进宫廷颐养天年。

狸猫换太子的故事跌宕起伏，在民间流传甚广，但却并不符合史实。生育了仁宗的李氏原本是刘妃的一名侍女。刘妃虽然受皇帝宠爱，却多年不育，因此把自己的心腹李氏推荐给仁宗，生下孩子后算到刘妃名下，刘妃因此终于得后位。在电视剧《清平乐》中，这段剧情也基本尊重史实，没有采纳狸猫换太子的离奇剧情，而是把刘太后和李氏设计为合作者的关系，李氏的宸妃名号是刘太后赐予的，

1　李昉编纂.太平御览（第6卷）[M].石家庄:河北教育出版社,1994年,第599页.

死后也由刘太后隆重安葬。

宋仁宗名赵祯，宋仁宗的治国之道其实在他的名号中便有所体现，就是"仁"，在位 40 余年，其间宋代的政治经济都处于较为稳定发展的阶段，百姓安居乐业，《宋史》夸赞其："《传》曰：'为人君，止于仁。'帝诚无愧焉。"[1]

宋仁宗在《清平乐》剧中的经典服装造型包括通天冠服、履袍。通天冠服是宋仁宗在元旦大朝会上所穿着的礼服。元旦大朝会是一年中最重要的几个庆典之一，是皇帝接受百官朝见一个仪式，而在这么重要的仪式上，皇帝所穿的冠服自然也十分隆重。《宋史·舆服志》记载，宋代天子朝服先用通天冠，后改承天冠，也就是所谓"二十四梁，加金博山，附蝉十二，高广各一尺。青表朱里，首施珠翠，黑介帻，组缨翠绥，玉犀簪导。绛纱袍，以织成云龙红金条纱为之，红里，皂襈、襈裾，绛纱裙，蔽膝如袍饰，并皂襈、襈。白纱中单，朱领、襈、襈、裾。白罗方心曲领。白袜，黑舄，佩绶如衮"[2]。

通天冠又叫承天冠或者卷云冠，据传为楚庄王所创。秦代采用其为皇帝常服冠，汉代沿用，天子戴通天冠在正月接受百官朝贺。在被清代废止以前，通天冠是历朝除元代外，皇帝在接受朝贺时所戴的帽子。通天冠上有二十四道卷梁，上边装饰云纹并镶嵌珠宝，两侧各对称开一大一小两孔，用来穿簪与系缨。帽顶向上变宽，然后向后反卷成云状。前正中有金博山附蝉一只，两侧各有小蝉。[3]

通天冠下配绛纱袍，在袍领子上还有白罗方心曲领，看起来有点像围兜。汉代至隋唐年间，方心曲领为衬在脖颈下面胸前内衣上的半圆硬领。宋代以后把方心曲领佩戴在了外衣胸前，形成类似项圈的一种方锁式饰物。明朝前期官员的祭服也采用了这种领饰，明中后期方心曲领才被废止。[4]

剧中宋仁宗穿着这套服饰参加元旦大朝会时，正好生母李氏重病，但仁宗作为皇帝不可能放下元旦大朝会去看望生母，因而强忍悲痛命人戴冠，出席大朝会。

---

1 门岿主编.二十六史精粹今译（3）[M].北京：人民日报出版社，1995年，第 1681 页.

2 脱脱.二十六史：宋史 [M].长春：吉林人民出版社，1995年，第 2209 页.

3 张秋平，袁晓黎主编.中国设计全集（第6卷）[M].北京：商务印书馆，2012年，第 34 页.

4 卢德平.中华文明大辞典 [Z].北京：海洋出版社，1992年，第 848 页.

这表现了宋仁宗既性情宽厚、极重孝道，又注重大局的人物性格特点。北宋在仁宗治理下，也开创了"嘉祐之治"（嘉祐是宋仁宗在位时期的一个年号）。

宋仁宗在剧中另一套重要服饰叫作履袍，《宋史·舆服志》记载："乾道九年，又用履袍。袍以绛罗为之，折上巾，通犀金玉带。系履，则曰履袍；服靴则曰靴袍。"[1] 履袍有白、红之分，红色较白色更为正式。在剧中，宋仁宗亲政后上朝时穿的便是红色的履袍，而其少年时期，则是穿着白色履袍。

剧中配红色履袍的是直角幞头，这是由宋太祖赵匡胤发明的。幞头旁边的长翅用铁片、竹篾做骨架，长达两尺，主要是为了防止大臣交头接耳。这种帽子除了朝堂和官场正式活动时须戴上，一般场合是不戴的。[2] 平常戴软脚幞头，宋代的幞头已经有了内里的支撑，从北周时期的巾帕转变为一种帽子，又因其脚的不同形状而有不同的称呼，常见的有交脚幞头和朝天脚幞头。交脚幞头是两脚翘起于帽后相互交叉的幞头；朝天脚幞头是两脚在帽后两旁直接翘起而相交的幞头。[3]

穿履袍腰中系的是"双鞓革带"，这种腰带可以追溯到蹀躞带。所谓"蹀躞"，又叫"䩞鞢"或者"靫鞢"，指腰带上垂挂的小带子。[4] 蹀躞带是北方游牧民族的饰品，魏晋南北朝的时候传入中原，在唐代文武官员都会佩戴，上面悬挂各种刀子、香囊、乐器物品。后又传入民间，被普遍喜爱。[5] 由于腰带比较长，双鞓革带要在身体上多绕一圈，就变成了双层腰带。

除了宋仁宗之外，剧中还有一个重要人物的服装也很值得一提。虽然是女子，却能够穿着衮冕参加祭祀朝贺活动，她就是垂帘听政的刘太后。在前面讲过的狸猫换太子的故事中，刘氏是奸妃的典型，地道的反派，然而在历史上，真正的刘氏章献明肃皇后却是一个聪明睿智的女人。刘氏的名讳正史没有记载，民间相传是刘娥。据传她幼时家道中落，被舅舅卖给一个银匠做妾，稍后又被这个银匠献

1　脱脱.二十六史：宋史 [M].长春：吉林人民出版社，1995 年，第 2210 页.

2　卞向阳，崔荣荣，张竞琼，等.从古到今的中国服饰文明 [M].上海：东华大学出版社，2019 年，第 44 页.

3　黄能馥，陈娟娟.中国服饰史 [M].上海：上海人民出版社，2014 年，第 308 页.

4　沈括.梦溪笔谈全译（上）[M].贵阳：贵州人民出版社，1998 年，第 16 页.

5　张秋平，袁晓黎主编.中国设计全集（第 6 卷）[M].北京：商务印书馆，2012 年，第 222 页.

给了当时还是襄王的赵元侃，也就是后来易名为赵恒的真宗。刘氏很得赵恒喜爱，从低品阶的美人一步一步登上皇后宝座。

真宗在世时十分信任刘氏，他晚年重病，许多政事都放心交给刘氏处理。仁宗继位时只有 13 岁，刘太后垂帘听政，成为大宋真正的掌舵人。11 年之后，刘太后去世，仁宗才完全亲政。刘太后有着敏锐的政治嗅觉和高超的政治智慧，宋仁宗时期的盛世，一半的功劳可以归于她。《清平乐》剧中的刘太后形象是较为贴合史书的，既刻画了她为人性格强势的一面，也展现了刘太后临朝称制时期对宋朝政治经济所做出的不俗贡献。剧中有一个片段，刘太后死后，宋仁宗独坐于殿上，说了一句："大娘娘觉得，如此可行？"足见刘太后对宋仁宗的影响。

刘太后当政期间，喜用帝王服饰，要求着帝王衮冕祭祖，曾经引发朝臣的议论。衮冕一般是皇帝所穿，是皇帝最正式的礼服，用于祭天地、宗庙及参与正旦、冬至、圣节等重大庆典活动。在《清平乐》中也有刘太后着衮冕祭祀的场景。

在《宋史·舆服志》里提及关于"衮冕之制"时有下列一段话。"天子之服有衮冕，广一尺二寸，长二尺四寸，前后十二旒，二纩，并贯真珠。又有翠旒十二，碧凤衔之，在珠旒外。冕版以龙鳞锦表，上缀玉为七星，旁施琥珀瓶、犀瓶各二十四，周缀金丝网，钿以真珠、杂宝玉，加紫云白鹤锦里。四柱饰以七宝，红绫里。金饰玉簪导，红丝绦组带。亦谓之平天冠。衮服青色，日、月、星、山、龙、雉、虎七章。红裙，藻、火、粉米、黼、黻五章。红蔽膝，升龙二并织成，间以云朵，饰以金钑花钿窠，装以真珠、琥珀、杂宝玉。红罗襦裙，绣五章，青褾、衤方、裾。六采绶一，小绶三，结衮玉环三。素大带朱里，青罗四神带二，绣四神盘结。白罗中单，青岁抹带，红岁勒帛。"[1]

但刘太后的衮冕没有上述形制复杂，据史料记载："辛丑……礼官议：'皇太后宜准皇帝衮服减二章，衣去宗彝，裳去元藻。不配剑。龙花十六株，前后垂珠翠各十二旒，以衮衣为名。'"[2]也就是说，太后身穿的并不是完整的衮冕，是经过删

1 脱脱.宋史·舆服志[M]//张竞琼，李敏编著.中国服装史.上海：东华大学出版社，2018 年，第 55 页.
2 唐红卫，李光翠，阳海燕.二晏年谱长编[M].天津：南开大学出版社，2016 年，第 1032 页.

减的，不算真正的天子服饰。剧中刘太后的礼服也确实是按照这种删减版的衮冕设计的。比皇帝衮冕减去的"两章"，一是"宗彝"，二是"藻"："宗彝"是先秦祭祀时用来盛酒的礼器，上面绘有虎和蜼，蜼是一种长尾猴，代表孝道；"藻"则代表文采。剧中刘太后头上的冕，其顶上有一排装饰品，是玉制七星、24个琥珀瓶、24个犀牛角瓶，这也是宋代比较独特的装饰，明代的冕上就没有此类装饰了。下面一串串的珠子是旒，宋之前的旒会使用五彩的小珠子，但由于宋朝偏向淡雅的审美，所以宋朝珠子的颜色便没有这么多样。

剧中另一位重要的女性角色是曹皇后。宋仁宗一共册封过四位皇后，其中有两位是在生前被册封为后的，第一位郭皇后因嫉妒被废；第二位就是曹皇后；其他两位是在死后被追封的，都姓张。曹皇后出自北宋顶级世家真定曹氏，祖父是开国名将曹彬，弟弟则是民间传说八仙之一的曹国舅。曹皇后并不受仁宗喜爱，但她为人贤良，很得臣子及后辈们的尊重。仁宗薨逝之后，她被尊为太后及太皇太后，活到了神宗年间。

曹皇后在剧中最醒目的服饰是皇后册封大典上所着的袆衣，这也是皇后最高形制的礼服。《宋史·舆服志》记载："袆之衣，深青织成，翟文赤质，五色十二等。青纱中单，黼领，罗縠褾襈，蔽膝随裳色，以緅为领缘，用翟为章，三等。大带随衣色，朱里，纰其外，上以朱锦，下以绿锦，纽约用青组，革带以青衣之，白玉双佩，黑组，双大绶，小绶三，间施玉环三，青袜、舄，舄加金饰。受册、朝谒景灵宫服之。"[1]

曹皇后头上戴的是九龙四凤冠。九龙四凤冠主体部分是龙凤，另有大小花钗一共24支点缀，刚好对应着通天冠的二十四梁。戴这种冠两鬓还要配上博鬓，博鬓是一种假鬓，垂至耳朵之下，装饰花钿与翠叶，只有贵族妇女才能佩戴，是一种身份的象征。

另外值得一提的是曹皇后带有宋代特色的妆容。宋代有一个特别的妆容叫作"三白妆"，指重点涂白额头、下巴、鼻梁三处，其余部分则延续了唐代涂抹额黄、

1　脱脱.二十六史：宋史[M].长春：吉林人民出版社，1995年，第2212-2013页.

面靥、斜红的习惯。此外，从现存北宋皇后的画像可以看到，穿礼服时皇后在额头、鬓边和面靥处会饰以珍珠。在《清平乐》中，可以看到曹皇后穿礼服时的妆容部分吸收了三白妆的特点，额头、鼻子和下巴涂得比平时稍白一些，并且在额间、鬓边装饰了珍珠，不过没有在面靥的位置饰以珍珠。妆容的其他方面，也都经过了一定的改良，在保留宋代特点的同时也不脱离现代人的审美习惯。

第四节 明朝：《玉楼春》与明代的道袍、补服和袄裙

《玉楼春》是东阳欢娱影视文化有限公司和优酷联合出品，2021 年热播的古装喜剧，讲述了孙玉楼、林少春等几对青年男女在大家族中悲欢离合的生活。

剧中的男主角孙玉楼是首辅孙逊家的四公子，一个年轻的读书人，他在剧中最常穿着的服饰是道袍。道袍又可以叫作褶子、海青，是明朝，尤其是中后期，男子中最为流行的便服，从皇帝、官员到平民百姓，都会穿着道袍。有钱人家会将其当作常服穿，而普通百姓则会将其当成礼服穿，像结婚等重大场合就会穿。

道袍一般为右衽交领大襟，衣领上有白色护领，长短宽窄不同。大襟上有两对系带，小襟上有一对系带，用以固定衣服。大袖收口，袖子里可以携带一些小东西。衣长过膝，衣身左右开衩，缝有打褶的内摆，穿着时可避免道袍内的衣物露出。[1] 随着时代的不断变迁，道袍的袖子变得越来越长，衣长却越来越短，叶梦珠的《阅世编》详细记录了衣身和衣袖的变化："公私之服，予幼见前辈长垂及履，袖小不过尺许。其后，衣渐短而袖渐大，短才过膝，裙拖袍外，袖至三尺，拱手而袖底及靴，揖则堆丁靴上，表里皆然。履初深而口几及踊，后至极浅不逾寸许。"[2] 穿道袍可以系腰带也可以不系，孙玉楼腰间系的则是丝绦，即用丝编织的带子。

孙玉楼在剧中另一种常见的服饰是官服。明代从洪武三年（1370 年）开始，在上朝或者办公的时候，要戴乌纱帽，穿团领衫，束革带。

---

1 董进. Q 版大明衣冠图志 [M]. 北京：北京邮电大学出版社，2011 年，第 302 页.
2 黄强. 南京历代服饰 [M]. 南京：南京出版社，2016 年，第 139 页.

官员戴乌纱帽起源于东晋，隋朝开始乌纱帽逐渐成为官服的一部分，宋代赵匡胤为其加上了"双翅"，也就是上文提到过的"长翅"，此时的乌纱帽平民也可佩戴。而自明朝始，乌纱帽则正式被确定为官帽，也由此衍生出"乌纱帽"的象征义——官位。明朝的乌纱帽不同于宋代，双翅是呈椭圆状的。

公服的团领衫是圆领右衽袍，以纶丝、纱、罗、绢等材质从宜制造，袖宽三尺，冠公、侯、驸马以下至四品用绯色，五品至七品用青色，八品以下及杂职官俱用绿色。[1]明代的公服还有一个特点是，胸前贴有一块带有图案的织物，叫作"补子"，不同的官职使用不同花样的补子（见表8.1）。像孙玉楼作为七品文官，其胸前补子的纹饰便是鸂鶒[2]。

表8.1　明朝百官衣冠服饰制式[3]

品级	冠	带	绶	笏	公服颜色	补子纹饰	
						文官	武官
一品	七梁	玉	云凤、四色	象牙	绯袍	仙鹤	狮子
二品	六梁	犀	云凤、四色	象牙	绯袍	锦鸡	狮子
三品	五梁	金花	云钑鹤	象牙	绯袍	孔雀	虎豹
四品	四梁	素花	云钑鹤	象牙	绯袍	云雁	虎豹
五品	三梁	银钑花	盘雕	象牙	青袍	白鹇	熊罴
六品	二梁	素银	练鹊、三色	槐木	青袍	鹭鸶	彪
七品	二梁	素银	练鹊、三色	槐木	青袍	鸂鶒	彪
八品	一梁	乌角	鸂鶒、二色	槐木	绿袍	黄鹂	犀牛
九品	一梁	乌角	鸂鶒、二色	槐木	绿袍	鹌鹑	海马

《玉楼春》中女主角林少春最常见的服饰是袄裙，这是明代尚未婚配的年轻女子的日常服饰，所谓袄裙，即上袄下裙。

上袄样式有很多，包括交领、方领等。林少春在剧中穿着较多的是交领，上

1　董进.Q版大明衣冠图志[M].北京：北京邮电大学出版社，2011年，第138页.

2　鸂鶒，水鸟名，体型比鸳鸯稍大，以紫色居多，常雌雄相伴，俗称紫鸳鸯。

3　程佳.论明代官服制度与礼教文化[D].太原：山西大学，2008年.

袄比较短，刚及腰臀之间，下裙为马面裙，可以垂至脚面。马面裙左右两侧各有四条方便跨步的顺风褶裥，前后裙片中间各有一段布幅平整不带褶裥，就是所谓的"马面"了。马面上一般会绣上精美图案，图案外形规整，呈25厘米×30厘米左右的长方形，内容以植物、飞鸟为主，繁复秀丽，多用对称结构，或从中心向周围展开。马面图案多以红、白、黄、蓝为主要色调，适合不同年龄的女性穿着。马面和褶裥的组合，使女性行走间显得摇曳多姿。[1]明初的马面裙样式较为简单，偏向素雅，至明后期，马面裙的布样和绣花纹路等渐渐变得多样起来。林少春虽为官家千金，但少女时代的她家道中落，生活不易，所以她的马面裙是素色的，没有刺绣，符合人物的身份背景。

林少春成年之后，所穿着衣物又与少女时代不同。成婚之后的林少春穿过褙子和比甲。褙子，又名绰子，据传从隋唐时期的半臂演化发展而来，只是袖子和衣裾都加长了不少。褙子一般为直领、对襟，衣长到膝盖，两侧开高衩到腋下，用衣带系紧。褙子在辽宋时期曾经十分流行，男女贵庶皆可穿着，不过富贵人家褙子一般衣裾更长，劳动者则穿短式褙子，方便行动。到了明代，褙子不再出现在男装中，为女装所独有。明代褙子有宽袖、窄袖的差别，宽袖褙子领子一直通到下摆，窄袖褙子则在领子和袖口上都有花边，且领口的花边只到胸口。[2]

林少春在穿比甲时，里面衬着的是立领斜襟长衫。立领是明朝服饰特色，明朝的立领是从交领发展而成的，最早出现在明中期。因为明朝中后期正值小冰河时期，气候比较寒冷，因此出现了更为保暖的立领服装。立领一般用两个子母扣相连，根据财力、地位不同，所用的材质也不尽相同。

比甲源于宋代的无袖长罩衫，无袖长罩衫发展为元代的无袖无领的对襟马甲，曾是皇后专用服，后来流入民间被广泛穿着，在明代中期非常流行。比甲一般比较长，到臀部或至膝部，有些更长，离地不到一尺。比甲一般穿在大袖衫或者袄

---

1 卞向阳，崔荣荣，张竞琼，等，编著.从古到今的中国服饰文明[M].上海：东华大学出版社，2018年，第345页.

2 吴欣.衣冠楚楚：中国传统服饰文化[M].济南：山东大学出版社，2017年，第61–63页.

之外，下着裙。比甲可以与衫、袄、裙搭配出不同色彩层次，因此非常受青年妇女喜爱。[1]

和其他影视剧一样，《玉楼春》中的服饰也没有完全遵照一个时期的服制，而是明早期和明后期的服饰会同时出现。不过从整体风格上而言，还是有着浓郁的明代气息。

汉服在影视剧中大多并不是完全按照历史上汉服的样子来呈现的，因为影视剧除了形制外，还要考虑服饰在影视中起的作用，为观赏效果服务。但是由于近年来喜欢汉服的人越来越多，许多观众也具备了一些汉服常识，并渴望在影视剧中看到更地道的汉服，所以从总体上来讲，讲究服饰复原的影视剧是越来越多了。

汉服的大热有影视剧的助推，古装影视剧又因汉服的大热而呈现蓬勃发展的趋势，两者相辅相成。

1　戚嘉富编著. 古代服饰 [M]. 长沙：湖南美术出版社，2013 年，第 111 页.

第三部分

百家争鸣

第九章 新旧之争：汉服的形制派、考据派和改良派

第一节 从臆造汉服到考据派的崛起

一、"汉服"初现

2001年APEC第九次领导人非正式会议在中国上海举行。在往届APEC会议上，主办方都会赠与参会者本国的民族服饰，比如：1996年，在菲律宾召开的APEC会议，来参会的各国领导人都穿上了菲律宾传统服装巴隆；1998年，在马来西亚举行的APEC峰会，各国领导人都穿上了印花上衣。而在2001年的上海，中国作为主办方，为参会者提供的服饰则是中国传统风格的唐装。唐装采取了对襟、盘扣的设计，衣料上排列有团花图案。此次峰会过后，唐装成了许多外国友人心目中的中华民族服装的典范。

其实唐装和真正的唐代服饰（见图9.1）是有很大差异的。唐装并非唐代服饰，而是在借鉴清代马褂、旗装样式的基础上，融合了西式立体剪裁形成的现代服饰。由于唐代对世界的影响巨大，海外诸国习惯把中华称作唐，且唐代是中国历史上最为强盛繁华的时代，国民也逐渐默认了"唐人"这一称谓，所以即使唐装是具有满族服装特色的时装，我们仍然冠之以唐，代表了中华民族生生不息与开明开放、拥抱世界的精神。

图9.1 裳宫语·唐代服饰还原

但是现代唐装的问世却引发了民间传统文化爱好者的各种不同反应。有人不禁发出疑问，唐装是否可以代表我们几千年的服饰文明？唐朝服饰属汉服类别，而对襟式的旗装特色是否会引起他人误解？融入了现代服饰元素的唐装能否体现中国的传统哲学思想？对这些疑惑的讨论与回应点燃了网络，由此汉服终于真正进入大众视线，被大众所考量。世界各国都有自己的民族服饰，中国的少数民族也有自己的传统时装，唯独汉族服饰却解释不清，在西式与中式元素之间拉锯。这大抵也成为多数汉服爱好者的初衷，去寻找本民族的根——汉服不仅仅是一件衣服，汉服凝聚了几千年的生活智慧，是历尽沧桑之后仍然在这片土地上熠熠生辉的宝贵遗产。在热心网友献计献策之下，"汉服"这一名称最终被确定。汉服称呼古已有之。长沙马王堆出土的西汉简牍载："美人四人，其二人楚服，二人汉服。"《辽史·仪卫志二》写道："会同中，太后、北乾亨以后，大礼虽北面三品以上亦用汉服；重熙以后，大礼并汉服矣。"明代文震亨《长物志·衣饰》："至于蝉冠朱衣，方心曲领，玉佩朱履之为'汉服'也。"[1] 于是伴随着中国刚刚兴起的互联网，"汉服运动"这一概念也应运而生。

汉服作为传统文化，了解汉服需要有一定门槛，汉服运动给大众普及的应该是有历史依据的知识，但汉服运动作为自下而上的一场"草根"运动，在早期缺乏学术研究支持及有效组织策划的情况下，不可避免地走了许多弯路。

就比如我们在第二章中讲述过的，王乐天 2003 年穿着深衣走上郑州街头是第一次被媒体关注的汉服出行事件，但当时王乐天所穿的"深衣"严格来说并不完全符合史实，带有一定的臆造色彩。当时那件衣服由一帮汉服爱好者参考文物书籍自制而成，制作者之前没有专业裁剪基础，可参考的史料也很有限，很大程度上是凭借自身想象，摸索着一针一线缝制，制成的衣裳比较简陋，形制上的错误也很明显。但这种错误在当时几乎是历史的必然，在一个大家对历史上的汉服还缺乏足够了解的时代，大多数人穿的都是各凭想象制作出来的汉服。

在许多资深汉服爱好者看来，复兴汉服的理想流程应该是：学者制定复原服饰的标准、构建复兴民族服饰的意义，圈内中坚力量广泛动员并组织活动，同袍们学习知识并推动基层宣传推广，资本根据体系标准制作衣服销售，消费者渐渐接受并熟知汉服概念。这样的过程是理性完整的，也就避免了许多乱象。然而现实情况则相反，汉服运动是在民间推广的，参与者大多数为非相关专业的年轻人，他们虽然充满了热情和理想，但他们的专业知识和学术精神明显不足。由于这种不足，臆造汉服的现象在汉服运动早期相当普遍，服饰体系上的错乱也成了当时最显而易见的问题。比如早期汉服运动中涌现出的汉服以汉代传统服饰居多，特别是曲裾、直裾类的衣裳，但这些曲裾、直裾大多并不以史料为依据，而更多是受了影视剧的影响。

1　华梅.华梅说服饰[M].北京：商务印书馆，2019 年，第 206 页.

虽多有遗憾与缺陷，但民间的爱好者仍持续投注心血与热情。一些人开始翻阅、整理资料，为汉服发展寻找历史依据。2002年2月14日，新浪网名叫作"华夏血脉"的赵军强发表了一个帖子《失落的文明：汉族民族服饰》，这成为汉服运动中第一篇以"汉民族服饰"为主题的文章，图文并茂地阐述了汉服的历代发展规制演变，以及对日本、韩国服饰体系的深刻影响，此篇文章成为当代汉服运动的先声和理论基础。2004年5月31日，百度汉服吧正式成立，成为众多同袍交流的社区，至2021年3月累计发帖1000万条，关注人数已达118万人。2005年4月溪山琴况开始主持吧务，成为百度汉服吧的第一任吧主。溪山琴况开始了体系化的汉服推广活动，他提出"华夏复兴，衣冠先行"，在整理了大量书籍文献后撰写了多篇文章。溪山琴况不幸离世后，汉服同好将他的文字编辑成书，名为《溪山琴况文集》，在网络上广为流传。他不仅为汉服事业构建了理论体系，把汉服运动从无序混乱带回到理性思考之中，甚至更深层次地提出了"礼仪复兴、节日复兴、汉服产业化"的三大计划及中式学位服、奥运礼服的构想和设计，后来中式学位服概念也曾在两会上被人大代表提出。[1]

然而这些是远远不够的，缺少专业精神和专业人才意味着汉服运动的精神内涵无法得到有效建构和表述，汉服知识无法得到有效传播，当汉服爱好者为汉服的形制或者汉服所承载的观念问题展开争论的时候，找不到可信的权威给予专业意见，这些都给汉服运动的进一步发展带来了重重困难。并且，汉服运动从一开始就不仅仅是服饰趣味的复古，而是带有文化复兴的诉求。这种带有民族主义倾向的诉求，会给社会带来什么样的改变？会对年轻人产生什么样的影响？这都是亟待深入讨论的问题。而在汉服运动发展的初期，对这些问题的讨论往往停留在网络上的争执与喧闹中，缺乏更纵深的思考。早期汉服运动的推动者也感受到了这些发展的阻力，发出"路漫漫其修远兮"的感慨。

复兴传统文化是一个任重道远的过程，如果要长久发展下去，就要正视发展

1　溪山琴况. 溪山琴况文集[EB/OL]. (2009-7-22)[2023-2-8]. https://max.book118.com/html/2018/0926/5132011001001320.shtm.

中面临的问题。如果对早期汉服发展中存在的最显而易见的问题进行总结的话，首当其冲的是由臆造汉服带来的汉服知识体系的混乱。不可否认，汉服运动虽然有复兴传统文化的原初诉求，但这并不是汉服运动发展的唯一动力。另外一个重要动力源是女孩们追求"好看的衣服"，而且这种"好看的衣服"往往和对诗词歌赋、仗剑江湖的古代生活的向往是分不开的。但是，这种向往虽然吸引了越来越多的人关注汉服，但并不能保证这些关注汉服的人都能够了解并尊重汉服背后的历史意蕴。在影视剧的导向下，汉服离影楼装越来越近，与真实的历史越来越远，粗制滥造的衣服在流水线上的生产数量大大增加。在这样的背景下，汉服的一些关键性概念一直得不到厘清，不仅给汉服实践带来了重重阻碍，也使得对大众宣传汉服变得更加艰难。

同时，一部分汉服同袍急于求成造成低质量宣传泛滥。汉服运动兴起于民间，在很长一段时间内处在野生状态，没有形成有效的发展机制，也没有得到大众的理解。比如早期穿汉服出行的同袍，经常被大众误会为穿和服、韩服，有些人还会遭到恶劣的言论攻击。这些状况，让一些汉服同袍忧心忡忡，为了迅速扩大影响，很多同袍在自己对汉服的理解尚不到位的情况下，就开始强硬对大众进行宣传，言辞中多有荒唐错谬之处，结果败坏了路人好感，为汉服运动的后续发展埋下了很大的隐患。

二、考据与形制之风

2010 年之后，汉服运动复兴传统文化的主张逐渐被更多人接受，尤其重要的是，汉服开始受到官方的关注和肯定，开始在各类平台崭露头角，转机出现。一方面，早期致力于推动汉服运动的年轻人逐渐积累了更多的专业知识；另一方面，汉服运动吸引了更多具有历史素养的人加入。由此，服饰的考据逐渐深入，除了有更多的学者推出和汉服相关的研究成果外，还出现了一些讲究形制的汉服商家和消费者。

何为汉服？如何制作？汉服爱好者们各持己见激烈讨论，形成不同的流派，其中最醒目的是"形制派"与"考据派"。这两类同袍把主要精力放在了研究汉服、汉礼的历史渊源上，他们推崇华夏礼仪，追求古人遗风，试图通过自己的努力将服饰之美传播到国内外。同时他们也是学术界与汉服运动的桥梁，面对考古发现或知识的更新迭代，作为中间消化者，他们将这些结论转化为实践活动。严格考据和遵照形制在本质上理念是相通的，就是只有以形制为骨，才能长出好看的皮囊，才能真正把汉文化通过汉服载体表达出来。他们努力去复原、挖掘传统服饰细节，花费了巨大精力，极具钻研精神。"形制派"与"考据派"在汉服同袍中拥有较高的公信力，但是他们的较真也引发了持久的辩论和争吵。最为主要的争议包括：未经考古发现但有一定的史料依据印证的服饰是否可以被敲定为汉服？或者具有一定胡化因素的传统服饰是否可以被纳入汉服体系？

面对这些问题，有声音坚持以出土文物为依据，这部分人群在汉服运动中被称为"古墓派"，其中颇具影响力的是名为"汉服古墓仙女资讯平台"的新浪微博账号。他们与商家的联系较为密切，深入汉服爱好者之中，多次发行汉服穿搭手册等相关文章与书籍，这对于刚接触汉服不久的新手来说分外友好。该平台最主要的贡献在于将齐胸襦裙的名称严谨化，改为符合唐代称谓的齐胸衫裙，发现了两片式齐胸衫裙的错误。网名为"无劫缘"的成员是平台幕后的主要负责人，他通过大量搜集、阅读文献，经常提出关于汉服的新观点，写有《唐裙的制作与变化报告》《汉代衣物：衣物疏整理（东汉篇）》《汉代衣物：两汉衣物的变迁》《花山宋墓与北宋服饰的契合》等文章，在网络上广泛传播。但由于汉服古墓仙女资讯平台缺乏拥有学术背景的人群，难以直接接触第一手资料，其撰写内容常常落后于新发现。

中国装束复原小组是汉服考据中的重要一支，他们不计成本地进行全方面复原，坚持创作原味衣冠，通过湖南卫视《天天向上》、深圳卫视《年代秀》等节目推广汉服，更在中日韩贤人会议中受外交部邀请登台展示，受到广泛关注与好评。在中国装束复原小组中，琥璟明深入研究先秦两汉的传统服饰，担任过中国传统工艺研究会理事、中国甲胄研究会理事、《长安十二时辰》剧组的服饰指导，曾在前人的基础上成功复原马山一号楚墓 N15 服饰，撰写过大量学术性文章，其中较有影响力的有《颠倒的真相：从中国古代的裤子说起》《"曲裾袍服"的前世今生》。

除上述团队外，近年来，在新浪微博、哔哩哔哩等平台中出现了更多有粉丝基础、有公信力，致力于形制科普的媒体号。"秦汉时尚风向标"是少有的先秦两汉新浪微博号，经常发布汉服信息，允许同袍提问。"九州牧狩"是科普唐代服饰的新浪微博号，制作《大唐衣冠》及《唐代服饰》，通过图册与讲义的形式梳理连贯唐代服饰体系。"大宋摩登bot""说给大明服饰"等新浪微博号也会通过回答提问、转载投稿的形式深入普通汉服爱好者中宣传汉服知识。哔哩哔哩平台中账号名为"十音""李蝈蝈要当红军咕唧"的汉服科普人士凭借通俗易懂的语言风格，制作了大量汉服视频，对刚入门的"萌新"有较大帮助。

刚接触汉服的人与资深汉服爱好者的审美偏好基本是不同的，由于受到影视剧和小说的影响，在大众的眼中汉服通常和"武侠""穿越"联系在一起，初次穿着的人会不自觉倾向大袖衫等具有礼仪性质的形制，这样才会更盛大、更艳丽，这也就形成了"秀衣党""仙女派"。但是随着汉服运动的发展，资深同袍会对服饰还原更感兴趣。2018 年，兰若庭推出的明制长袄马面裙"太平有象"成为爆款，各类商家转头加入明制大军，做起复原概念类的汉服。以绘画、雕刻、陶俑等文物为参考依据的各类宋制汉服、明制汉服成为此时汉服圈的主流服饰。而在此之前，保守端庄的明制只有少数人喜爱，即使其朝代最近，文物最多，工艺最为成熟。当考据派的声音越来越大，越来越强调形制正确的同时，就与"秀衣党""仙女派"起了冲突，终于爆发了"仙汉分家"[1]事件。其实自 2010 年起，汉服运动就开始试图清理形制错误的服饰。对汉服的历史源流进行有深度、有依据的研究，本来应该是一件有利于汉服持续发展的好事，但是一些主张考据的网友在强调汉服形制的时候，态度过于激烈严苛，引发了许多不满，一时间互联网上硝烟四起、骂战激烈。有些考据网友甚至强调"非明即臆造""无出土就不是汉服"，不断打

1　所谓"仙汉分家"，指的是汉服圈中有人提出的，将现代人臆想出来的、仙气飘飘的古风服饰，与依据考古发现、真实还原历史的传统服饰做出区分的诉求。

压仙女风或是汉元素"以正衣冠",拒绝接纳对汉服进行特别改造。

因此我们可以看到,考据与形制的兴起虽然给汉服运动提供了丰富、可信的史料,找到历史的依据,使汉服结构逐渐合理化,知识体系逐渐完备,但其对"正统"的过分强调却从另一个方向钳制了汉服的良性发展。兴盛的考究氛围让汉服圈形成了一条公理:汉服制作必须符合某朝某代的"形制",必须有文物出土进行佐证,不然就不是汉服。凡有一点儿需要推测研制的款式都得注明"汉元素""非汉服",凡有一点儿改良创新的地方都得说明改良创新建立在"尊重形制"的基础之上。如此,汉服就很难成为当代人的衣服。但汉服只有融合进现代生活才能形成当代民族服饰,穿汉服本身就不是"考古",一味讲究古制、故步自封就无法推陈出新。但考据派与形制派的出发点是有利于汉服运动的长期发展的,只有在讨论的声音中,汉服的概念才会越来越清晰,才能向大众展现汉服爱好者求真求实的一面,而不仅仅是"穿几件奇怪的衣服"而已。

第二节　传统服饰在现代的传承:改良派

一、汉服的日常化创新设计

除了致力于复原的考据派和形制派,汉服在互联网中也出现了许多有趣的衍生,越来越往大众化与日常化的方向发展。

首先是汉服的面料和工艺的改良。汉服改良是在遵从汉服基本特征的前提下进行的适当变化,大致有两种情况。一类是使用穿着舒适、价格低廉的现代面料,配以现代服装设计理念,把原来"高调"的汉服日常化、简洁化。而另一类则是在传统工艺的基础上进行调整,比如有些汉服细节繁复,不容易穿脱,穿上去也不方便活动,使用现代工艺技术进行调整之后,可以使汉服穿着程序简化,也方便活动和出行。比如:淘宝汉服商家鹭洲集会在保留汉服宋短袄与两片裙形制的基础上,将其改良为冬日穿着的棉衣款式与普通长裙(见图9.2);绛悠堂会缩短三裥裙裙长,并且添加格子元素,来使其融入日常生活(见图9.3)。

图9.2　鹭洲集宋短袄和两片裙

图9.3　绛悠堂宋褙子和三裥裙

　　其次是汉服的古今混搭。汉服混搭是将汉服的某一部分与常服进行混穿，这不但可以解决汉服闲置的问题，增加服装的亮点与内涵，还可以促进传统服饰融入日常生活，因此在近几年蔚然成风。

　　汉服元素与现代元素的混搭被称为"汉洋折中"（见图9.4），是参考了"和洋折中"（指近代日本统合了传统和风建筑要素和现代西洋建筑要素的建筑物）的概念发起的，发起者是名为"汉洋折中bot"的新浪微博账号。汉洋折中的方式有很多，比如：许多人喜欢穿汉服搭配Lolita风格的小物件，像手套、帽子、腰带等，或者不必盘发而是用现代发型；还有些人喜欢在充满科技感的建筑前进行汉服摄影，让现代文明与传统文化进行碰撞。这类改良引发的争议颇多：一方面它把中西审美风格融为一体，确实展现出了独特的时尚感；另一方面却模糊了汉服的特质，引起了钟情原汁原味的汉服风韵的同袍们的不满。

图9.4　汉洋折中[1]

1　MikoMonster. MikoMonster的微博 [EB/OL]. (2021-1-17)[2023-2-8]. https://m.weibo.cn/1895998740/4594388707315712.

最后是汉服对戏曲服元素的吸纳。与戏曲元素相结合的汉服改良并不是指汉服运动初期汉服与戏服的混淆，而是在汉服运动发展到一定时期之后，在尊重汉服基本形制的情况下，将戏剧服装的一些设计特点加入汉服，或者运用戏曲的头面和妆容搭配汉服，达到独特的审美效果。不过这类改良也引来了不少反对的声音，有的人认为汉服与戏曲元素的结合容易造成大众的误解，"戏服"与"汉服"两种概念不该混为一谈。

二、复原、复古与复兴

在很多人心中，"传统"二字代表了落后、陈旧，一部分对汉服运动持反对意见的网友就此提出批评：汉服体系体现了严格的三六九等、阶级关系，其存在的本身不就是对民主、平等的破坏吗？在历史长河中消亡的文化为何还要在现代社会中得到继承与发扬？当代的汉服爱好者也对此做出了回应：汉服运动不仅仅是还原几件衣服，而是通过复兴汉服继承优秀的文化传统，增强文化自信。汉服运动发展初期，各种力量鱼龙混杂，热闹之余也有沉渣泛起，因此汉服运动要想保持健康持续发展，势必面临如何去芜存菁的问题。什么样的文化是该继承的，什么是该扬弃的，正是汉服爱好者们一直在努力思考的问题。

为了解决这个问题，当代汉服运动有人打出了"复兴不复古"的口号，既不是全盘接受、继承，也不是完全照仿古人生活，而是在现代生活中对汉服进行发展与创新。每个朝代都会对本朝代的服饰制度做出规定与制约，现代也同样如此。汉服推行者需要做的是保留宝贵的中华文化，在现代生活中重新赋予汉服生命力。现代人的着装审美精神内涵早已不可同日而语，如果单纯追求"照搬照抄"地复刻而不懂得继承与发展的关系，汉服就只能作为一个概念，存活在如空中楼阁一般的幻想中。只有与时俱进，适应日常生活，被大众所接受，充分融入大众，才能更好地谈论发展与弘扬。但是该扬弃什么内容？汉服的日常化究竟是一个什么样的概念？又该达到一个什么样的高度？这都需要今日的创造者给出答案。

汉服来源于古代劳动人民的生活，蕴含着群众朴实、大道至简的思想，追求道法自然、与世无争的高度。正是出于这种考虑，考据派与形制派的讨论帮助汉服运动走上更为严谨求实的道路，只有在尊重服制和习俗的文化基础上，在继承和弘扬华夏礼乐文明的内核上，汉服之美才能更具生命力与黏合力。不仅如此，考据派规范了商家的生产与制作，抑制了臆造风的盛行，让买卖双方都认识到汉服运动背后的文化意义。商家们曾经投入极大热情臆造的"魏晋风"服饰消失了，取而代之的是朴素典雅的"魏晋制"汉服。2021 年在互联网上掀起的南北朝服饰风气引发了汉服爱好者与网友之间的激烈讨论，以南北朝窄臂大袖为基础设计的服饰是否属于汉服？在形制派眼中：南北朝窄臂大袖上衣确有文物出土，然而可惜的是该出土文物只是一个袖子残片，因此也无法准确判断出其内部的裁剪结构；而商家售卖的款式基本是根据陶俑、壁画等内容自行整理设计的，这样的"汉服"没有完全的文物支撑，属于存疑的汉服。诸如此种情况的讨论，也发生在诃子裙及两片式齐胸襦裙等衣物上，虽然无法推论出其内部结构，但在考据爱好者眼中，我们还是可以通过衣服外观再结合其他文物资料的佐证，推测出当时是否确实存在这样的服饰。明代中后期由于小冰河期的到来在汉族服饰中出现了保暖性强的明竖领，然而有部分百度汉服吧网友认为，明竖领存在胡风元素，应当被剔除出汉服。不过，大多数的说法是，明竖领在明代属于汉服体系，并且胡化本身表现的是汉民族多元包容的特点，应该得到继承发展，而不是被抛弃。

真正尊重汉服的爱好者们不会拒绝合适的改良，不会拒绝汉服对新的元素的吸纳，他们希望看到汉服广为人知，让大众了解汉民族的传统服饰是如此绚丽多彩。近两年，改良汉服得到越来越多同袍的认可，正如之前所述的几类创新方式，合适的改良使汉服更能适应现代生活方式，融入日常生活细节中，在潜移默化中让大众意识到传统文化之美。汉服拥有多元的形式，不应该被简单设计成盛大的华服，其也可以是承载文化内涵的常服。

汉服同袍们希望汉服能够像其他民族的服饰一样被普遍认知与接受，着汉服出行的时候不会遭到指指点点。同袍们用行动践行汉服日常化的理念，将汉服带入学习与工作中，希望越来越多的人发现汉服之美。2021 年两会提案里出现了希望设立成人节汉服日的相关建议，就是为了防止优秀传统文化流失。无论如何，文化是民族的根基，我们有义务将自己的衣冠传承下去。早期的汉服复兴运动者天涯在小楼（方哲萱）在《一个人的祭礼》一文中写道："多年之后，我想我还会记得这天，记得那天籁般的韶音雅乐，记得稚嫩童声诵出的《论语》，记得寒风中庄重的祭文，记得那盛大的表演……多年以后，我想我会记得这天，一场盛大的祭礼，一次对儒家文化的呼唤，一群崇尚传统的中国人。只是，我依然坚持相信，这是一个人的祭礼——白衣胜雪，不染纤尘。"[1]

1　天涯在小楼.一个人的祭礼[EB/OL]. (2011-3-15)[2021-8-20]. https://changle.com.cn/thread-303358-1-1.html.

第十章　精彩纷呈: 汉服在媒体上的发展轨迹

第一节　网站与贴吧

　　1998 年《还珠格格》热播，观众在火热讨论剧情的同时，也被剧中艳丽的清代风格服饰吸引。整个 20 世纪 90 年代，清宫剧都是各大电视台的主打剧目，甚至漂洋过海，对整个华人文化圈都产生了影响。一时间，清代服饰几乎成了中国传统服饰的代表。但是在清代之前，中国有着悠久的历史，也有着多姿多彩的传统服饰，这些服饰到哪里去了？为何现在很少有人穿了？这样的疑问和想法一经诞生就不可遏制，越来越多的人注意到了"汉服"这个民族文化符号的缺失，而这慢慢萌发成了后来整个互联网汉服运动的种子。

一、汉网与天汉网的发展与对立

　　2003 年的元旦，一个以探讨汉服为目的的网站"汉网"在互联网建立，当时这个不起眼的网站没有多少用户，甚至还没有自己的顶级域名，一群对汉服抱有相同的兴趣的人们聚集在一起，交流着自己对汉服的疑问及想法。此后，汉网在互联网上的汉服传播中起了至关重要的作用，可以说是整个汉服运动的发源地之一。

　　汉网的筹建最早可以追溯到 2002 年，当时有个叫"大汉民族论坛"的网站，注册用户数有 3 万多，算是最早在互联网上有一定知名度的汉服网站，但是其主办者——站长大齐同时也是日本文化的爱好者，这在当时引起了站内部分网友的不满。随后，这群网友组建了汉知会，后来又在 2003 年 1 月 1 日创建自己的网站——汉网。

关于汉网的发展已经难以找到确切轨迹，只能从网友的回忆中梳理出大致线索。汉网的创始人及第一任站长为步云。2003 年 4 月份，步云把汉网交给了大汉，大汉成为二任站长。关于步云转让站长之位有两种说法：一种是因为汉网网站运转经费不足，步云筹不到钱，而大汉能筹到钱，于是步云将网站转给了大汉；另一种说法是，步云管理不善，被管理层开会集体罢免了。[1]

刚组建时汉网上的热门话题是 2001 年在上海召开的 APEC 会议，会议组织者选用了唐装作为中华民族服饰的代表，然而唐装并不是由唐朝服饰演变来的，而是以清代服饰为基础进行加工设计的。许多网友追忆起清初清廷用"剃发易服"的手段强制推行满族服饰的历史，并对现代社会汉民族的服饰信息的缺失感到惶恐。像日本、韩国都有自己的民族服装，在中国每一个少数民族也都拥有自己的民族服饰，而占中国人口最多、规模最大、历史最悠久的汉族却找不到对应的民族服饰。有些网友提出，汉族的民族服饰虽然在历史中被迫中断了发展，但现在民族文化的爱好者完全可以把它恢复起来。[2]

在当时的网友中，出现了第一批汉服运动的先行者，2003 年 7 月 21 日，澳大利亚华裔网友青松白雪在网上贴出了自制汉服照。2003 年 12 月 22 日，信而好古在山东束发着汉服为学生上课，成为第一个着汉服为学生讲课的老师。后来信而好古创建了华夏复兴论坛，该论坛的宗旨是：团结天下一切有识之士，弘扬儒学，复兴华夏五千年文明。[3]

1　汉学sinology.我记忆中的汉服运动复兴史[EB/OL]. (2012-1-21)[2023-2-8]. https://tieba.baidu.com/p/1382649615?red_tag=2441855158.

2　刘仲亮侯.从汉网到汉服吧：汉服运动的由来[EB/OL]. (2020-11-21)[2023-2-14]. https://zhuanlan.zhihu.com/p/303008035.

3　爱贾春燕.汉服复兴大事件[EB/OL]. (2015-6-6)[2023-2-14]. https://tieba.baidu.com/p/3809090096.

2004 年 11 月 12 日，天涯在小楼穿着汉服参加了天津的祀孔大典，而当时大典中其他参祭人员仍穿着长袍马褂、顶戴花翎等清代服饰。天涯在小楼此后写了《一个人的祭礼》："祭孔，祭的当然不是一堆白骨，而是一种思想。礼，不是为了矫揉造作，而是为了表达崇敬之情……无法解释，也无从解释，那是一个人的祭礼。当一干花花绿绿散尽后，我固执地站到祭台前，没有音乐、没有祭文、没有舞蹈，有的只是一颗真正崇拜孔夫子的心。"这篇帖子后来被转载到各种相关网站。[1]

2004 年，第二个汉服网站天汉网出现了。天汉网，全名为"天汉民族文化论坛"，是汉服圈的第二个大型网站。在汉服运动早期，汉网和天汉网是两个主要阵地。汉网以汉本位为基础，高举民族主义的旗帜；而天汉网坚持的则是周礼。这种分化源于对汉服认识的不同：以民族主义为本的这一部分人认为，恢复汉服的最根本宗旨，是要重新改造民族精神，让汉民族能够自信自强，脱离了民族主义便不能算成功地复兴汉服；而另一个派别则认为推广汉服实际上是为了重振华夏文化。因此，天汉网对待民族问题更加温和，推行汉服的态度并不是那么激进。汉网和天汉网就民族问题和汉服形制问题曾经开展过一系列争论。汉网坚持所谓"汉本位"；而天汉网由于在这个问题上持不同意见，被汉网管理层视为"伪中华"。汉网认为汉服要坚持传统，反对改良；而天汉网则对改良持接纳态度。两个网站产生了尖锐的对立，当时汉网的一些版块充斥着对天汉网的谩骂，对天汉网当时的管理员天风环佩（即上文多次提到的溪山琴况，以下如无特殊均称其为溪山琴况）也频繁进行人身攻击。[2, 3]

2005 年时，时任天汉网总管理员的溪山琴况看到了刚刚出现的百度贴吧，他

1　天涯在小楼.一个人的祭礼 [EB/OL]. (2011-3-15)[2021-8-20]. https://changle.com.cn/thread-303358-1-1.html.

2　刘仲亮侯.从汉网到汉服吧：汉服运动的由来[EB/OL]. (2020-11-21)[2023-2-14]. https://zhuanlan.zhihu.com/p/303008035.

3　齐鲁风.汉服复兴运动回顾与展望[EB/OL]. (2014-12-15)[2023-2-14]. https://tieba.baidu.com/p/3469678397?red_tag=1690418231.

意识到这里可能会成为未来的一个重要宣传平台，并在 2005 年 4 月 14 日申请成为百度汉服吧的首任吧主。成立之初，百度汉服吧就与天汉网联合发起了民族传统礼仪复兴计划和民族传统节日复兴计划，构想并策划汉民族礼仪复兴与节日复兴的各种可行性方案，参与者主要为溪山琴况、蒹葭从风、子奚等人。他们在两年时间里共编写了 50 余万字的资料。子奚介绍，溪山琴况和蒹葭从风为了编写材料和维护网站，花费了大量时间和精力，导致二人的健康状况都受到了影响。[1]

从 2006 年开始，天汉网开始倡导和实践在中国传统节日、庆典中穿汉服、行汉礼的活动。2006 年 1 月，天汉网筹备策划了及笄礼；4 月，参与了中国人民大学的射礼活动；10 月，组织了汉服祭孔的活动。随后其他汉服网站和各地的汉服社团也纷纷开始组织汉服节日活动，在花朝节、上巳节、清明节、端午节、七夕节、中秋节等节日恢复古时习俗，穿着汉服出行。此外，天汉网和百度汉服吧还在 2006 年 4 月至 5 月向相关部门提交了"2008 年北京奥运华服"的设计方案，建议运动员入场时穿着深衣，礼仪小姐穿着襦子。

2006 年 4 月，溪山琴况还向教育界发出倡议，希望用源自中国的汉服式学位服，取代西式学位服。溪山琴况认为现有学位服适合西方人的体型，并不适合普遍溜肩、个子不高的中国人。而他提供的中国汉服式学位服的设计稿，做了收腰设计，提高了腰线，整个人看上去会精神不少。他提倡的中国汉服式学位服"分为学士服、硕士服和博士服三类，每套学位服由学位冠（黑色弁）、学位缨、学位领（六种不同颜色交领右衽义领）、学位衣裳（深衣或玄端）、学位礼服徽、西式皮鞋六部分组成，其中：学位缨颜色区分学士、硕士、博士，分别为黑、深蓝、红色；学位领按文、理、工、农、医、军事六大类，采用粉、灰、黄、绿、白、红六种颜色区分"。虽然教育部并没有对这套学位服的适用性给予正式回应，但这个事件在当时引发了多方关注，《信息时报》《新京报》《中国青年报》和各大门户网

1　汉服资讯.汉服复兴运动回顾与展望[EB/OL]. (2019-12-15)[2023-2-14]. https://zhuanlan.zhihu.com/p/95612836.

站都进行了报道。[1]

2007 年 10 月，天汉网、百度汉服吧的创始人，汉服运动的主要发起人之一溪山琴况因病去世，时年 30 岁。汉服圈同袍自发对溪山琴况进行纪念和哀悼，并将他为推动汉服运动而书写的《冠（笄）之礼（汉民族青年男女成人礼）操作方案（附图解）》《汉民族传统仪礼"昏礼"操作方案（附图解）》等文章编辑成合集，命名为《溪山琴况文集》。据传溪山琴况去世前留下遗言："华夏复兴，天风魂牵梦绕，至死不忘育我民族，死后怎舍梦里衣冠。始于衣冠，再造华夏，同袍之责，我心之愿。华夏复兴，同胞幸福，天风叩祈苍天。"这段遗言和《溪山琴况文集》在汉服圈中广为流传。[2]

2007 年之后，又有一些汉网会员自建新网站，如中华汉网、汉族网等。2009 年汉网因为含有大量民族极端言论被取缔，域名进入被官方屏蔽的黑名单。而百度汉服吧人气大增，从此百度汉服吧成为汉服运动的核心力量。此后加入汉服运动的年轻网友有很多并不了解汉网的存在，但对百度汉服吧有强烈的归属感。

二、汉服运动主力向百度汉服吧迁移

自 2005 年建立之始起，百度汉服吧一直都在稳步发展。在汉服话题还没有在新浪微博、哔哩哔哩上炒热之前，百度汉服吧就是网络上最大的汉服爱好者聚集平台。2010 年 6 月，百度汉服吧会员达到 2 万人；2015 年 6 月，百度汉服吧会员达到 50 万人；截至 2021 年 8 月，百度汉服吧的会员超过 118 万人。随着成员的增加，成员之间的分层也逐渐清晰。有一部分成员坚持"汉服复兴，衣冠先行"的主张，把汉服和与汉服相关的礼仪、习俗当作复兴华夏文明的先导；有一部分成员钟情于历史研究，会不断贴出关于某个汉服主题的研究资料；还有一部分成员对探讨华夏礼仪、华汉身份和儒家传统并不感兴趣，只是喜欢汉服的美学风格，把

1　吴荻. 网友倡议穿"中国式学位服"教育部暂不表态 [EB/OL]. (2006-4-21)[2023-2-14]. http://news.sina. com.cn/c/edu/2006-04-21/16178758064s.shtml.

2　蚂蚁式小提琴. 【文化】"汉服运动先驱"溪山琴况语录 [EB/OL]. (2015-8-7)[2021-8-20]. https://tieba. baidu.com/p/3952189389.

汉服当作一种独特的美衣来看待，热衷于穿搭拍照。因此在百度汉服吧中，既可以看到那些通过汉服探讨民族文化和民族精神的热帖，也可以看到许多资料集，还可以看到许多同袍的高颜值汉服秀。

比如 2009 年的一个帖子《【视频】我把汉服搬到了美国课堂（附演讲稿及幻灯片）》，讲述了帖主在留学美国期间，在课堂上向老师和同学展示汉服的经历，引发了吧友对民族文化特色及国际影响力的讨论，获得了 500 多条回帖，被吧主"加精"成为百度汉服吧的精品帖。[1]

百度汉服吧里资料帖也很常见，而且近年来在新帖中的比重逐渐上升。资料帖包含各种与汉服相关的知识。比如发布于 2016 年的《【其他话题】各地图书馆馆藏，汉服书籍一览表【慢更】》，收集了各大图书馆汉服相关书籍的目录。而发布于 2020 年的《【资料·纹饰】记载了唐宋时期大量唐草纹样的〈古代唐草模样集〉》，介绍了日本 1886 年编纂的《古代唐草模样集》记载的中国唐宋时期流传到日本的唐草图案。资料帖的增加使得百度汉服吧具有了浓厚的学术氛围。[3]

发帖上传自己的汉服美照更是百度汉服吧吧友喜闻乐见的交流分享方式，可以说是目前百度汉服吧最为活跃的一类帖子。并且这样的帖子在秀汉服照的同时还兼具了其他功能，比如同城的同袍相互结识一起出游或者组织活动，再比如讨论汉服的形制和进行商家推荐，或者相互分享妆容配饰方面的经验。

除了上述三类比较常见的帖子外，还有吧友会发帖记述自己穿着汉服的经历，或者在生活中遇到的一些困惑。比如在 2021 年的一个帖子《我该咋办？》中，一位吧友向同袍们征询意见解决自己的难题："我是一个男生，也想拥有一套自己的汉服。可我妈偏说那是裙子，又说什么现在没人穿这个，只有在表演的时候才会穿，

---

1 青眼白狼.【视频】我把汉服搬到了美国课堂（附演讲稿及幻灯片）[EB/OL]. (2009-7-2)[2023-2-14]. https://tieba.baidu.com/p/602699298?pn=1.

2 空心砚.【其他话题】各地图书馆馆藏，汉服书籍一览表【慢更】[EB/OL]. (2016-9-15)[2023-2-14]. https://tieba.baidu.com/p/4782868052.

3 天塘城内扫地僧.【资料·纹饰】记载了唐宋时期大量唐草纹样的《古代唐草模样集》[EB/OL]. (2020-3-7)[2023-2-14]. https://tieba.baidu.com/p/6534314215.

还说汉服流行起来很难。我该怎么反驳她？"[1] 吧友纷纷在帖子下出主意：有人教他向妈妈说明袍子和裙子的区别；有人问他是不是年龄比较小，劝他有自己的收入之后再买；还有人说可以穿下面配裤子的汉服……如此种种，不一而足，展现了百度汉服吧生动有趣的一面。

除了百度汉服吧之外，汉服爱好者们还陆续创建了一些其他的汉服相关贴吧。有些贴吧是以地方汉服社团为核心建立的，例如汉服北京贴吧、汉服深圳贴吧、湖南汉服贴吧等；有些贴吧为汉服文化的产业化发展服务，比如汉服商家贴吧、汉服考据吧等；还有一些贴吧以某种汉服类目或者汉服相关饰品为主题，如曲裾吧、襦裙吧和簪娘吧。不过影响力最大的仍然是百度汉服吧。

第二节　自媒体平台上的汉服话题

一、新浪微博——汉服圈层的扩大

2015 年的春节，阳历 2 月 19 日，一个话题#春晚向汉服道歉#上了新浪微博热搜，在当天点击量就达到了 50 万[2]，截止到 2021 年 8 月底，这个话题共有 503 万的阅读量，4.1 万条讨论。这个话题进入热搜的原因是，除夕的中央电视台《春节联欢晚会》有一个节目名为《大地春晖》，是 56 个民族创意服装秀，节目展示了蒙古族、满族、苗族、维吾尔族等少数民族的服装，却没有展示汉族特色服装——汉服，这引发了汉服爱好者的不满，于是汉服爱好者在新浪微博上发起话题，呼吁人们重视汉服。#春晚向汉服道歉#这条热搜的出现，意味着新浪微博已经成为汉服爱好者表达与分享对汉服的喜爱的重要媒体平台。

百度汉服吧也在新浪微博注册了账号，宣传汉服同好们举办的活动，分享关

1　贴吧用户_5XG6V7y. 我该咋办？ [EB/OL]. (2021-7-3)[2023-2-14]. https://tieba.baidu.com/p/7433082462.

2　mrkmrkbd. 微博上开始火了！大家快去！春晚向汉服道歉……[EB/OL]. (2015-2-19)[2023-2-8]. https://tieba.baidu.com/p/3594549870.

于汉服的历史知识，同时也经常在节假日结合汉服运动发表一些观点与建议。譬如，在 2018 年的国际劳动妇女节当天，百度汉服吧的新浪微博账号就针对女性与汉服的关系发布博文。"这就是汉服运动目前最大的症结：到底有多少人一厢情愿地认为，穿汉服是为了回到古代去？一厢情愿地认为，穿汉服的姑娘，定是冲着发扬女德、发扬裹脚去的？……汉服不是古装，更不是古装电视剧 cosplay，汉服是汉民族的民族服饰。一个民族，并且是一个当今仍然在延续生命的族群——而不是成为史书上的一句话的民族，他们是不等于古代，更是不等于古董的。这个民族，可以像延续生命一样，延续自己的民族文化，也可以出于自己的意愿改变它，《宪法》上也把这事儿写得清清楚楚……今天是国际妇女节，在这个节日里，衷心祝愿同胞姐妹们节日快乐，也衷心希望，汉服运动不要走上岔路。"[1]

在女性汉服爱好者中，一直存在一种疑虑，那就是喜欢汉服、穿汉服是不是就意味着要认同古代三从四德、压抑和贬低女性的文化，事实上，也有一群人真的尝试过这样做，把"女德"和"汉服"捆绑起来推销给年轻女性。而这段话宣告了百度汉服吧的立场——强调在现代文明的基础上赋予汉服意义，而不是全面复古。如果仔细辨识，可以发现这种观点和早期百度汉服吧中那些含着满腔热血，呼吁复兴儒学、复兴传统的声音是有着显著差异的，由此可以看到百度汉服吧由贴吧过渡到微博时代产生的变化。

除了百度汉服吧这种从文化精神的角度宣传推广汉服的博主之外，其他几类汉服博主在新浪微博上也很醒目：第一类是汉服社团；第二类是汉服穿搭和购买经验交流；第三类是汉服商家；第四类是汉服写真和视频拍摄。前两类是非营利性活动，后两类和商业活动相关。

许多汉服社团在新浪微博都设有账号，截止到 2021 年 8 月，北京的汉服社团控弦司在新浪微博的同名账号已经有了将近 150 万名粉丝，同类账号西安汉服社官博有将近 13 万名粉丝，汉韵淮安南弦有 4 万名粉丝。控弦司的账号不仅会发布

1　百度汉服吧. 百度汉服吧新浪微博 [EB/OL]. (2018-3-8)[2023-2-8]. https://weibo.com/baiduhanfuba?is_all=1&stat_date=201803&page=3#feedto.

精美的汉服写真图和视频，分享汉服知识，还会就历史、文物等话题进行讨论，发帖频率和话题度都比较高，成为新浪微博上最为活跃的汉服社团账号。

关于汉服穿搭和购买经验交流，比较有代表性的账号是说给汉服和汉服拔草机。截止到 2021 年 8 月，说给汉服有将近 79 万名粉丝，汉服拔草机有将近 8 万名粉丝。这两个账号都是投稿吐槽类的，经常贴出的都是令汉服爱好者感到困扰的问题，并邀请网友们来回答讨论。比如有网友会放出想购买的汉服的图片和店铺链接，询问性价比；也有网友会来稿投诉不良商家，制作的汉服质量差或者形制混乱。

汉服商家像汉尚华莲、重回汉唐、兰庭若都有几十万名粉丝。除了这些汉服品牌之外，新浪微博还有一些博主专门从事汉服商业信息的发布，比如破产汉服女神，截至 2021 年 8 月有将近 260 万名粉丝，日常用图片或视频的形式发布各类汉服品牌的新品，以及提供折扣、优惠或清仓甩卖信息。

汉服写真和视频拍摄账号一般从 2015 年之后开始运营。比如汉服写真集，该账号创立于 2015 年，截至 2021 年 8 月有将近 21 万名粉丝，工作室地点在杭州，以平面摄影为主。从该账号贴出的作品来看，其拍摄对象以年轻女性为主，服饰形制从汉唐到宋明皆备，画风唯美婉约。除了发布摄影作品外，该账号还经常为汉服商家上新进行广告宣传。流云蕊是一个推广汉服视频拍摄的新浪微博账号，截至 2021 年 8 月有 9 万名粉丝。流云蕊的账号注册于 2013 年，流云蕊刚开始只是一个常规的摄影工作室，从 2016 年开始转向汉服写真，2018 年开始招收学员学习汉服写真拍摄，2020 年招收学员学习汉服视频拍摄，并经常把学员的作品通过新浪微博发布。除了教授学员，流云蕊也经常接汉服商业视频拍摄的订单，与许多汉服商家有业务往来。从流云蕊的业务转型可以看到汉服与新媒体近 10 年间的融合发展历程。

除了各类汉服博主外，汉服超话的影响力也不可忽视。截至 2021 年 8 月，汉服超话粉丝数已达 57.3 万，发帖量为 12.2 万，总阅读量为 34.3 亿。汉服超话粉丝由汉服爱好者、汉服科普大 V、近年来兴起的汉服店铺官微组成。汉服超话内的内容组成十分多元化，包括店铺推广、汉服科普、闲置汉服交易、汉服活动返图等。

而在#汉服#这一话题中，讨论量（发帖量）已有538.8万，总阅读数为59.9亿。超话粉丝没有申请门槛，该话题下的发帖量显然更多，内容也更加多元。各个分类下的博主，只要发的内容与汉服相关就可以自行在新浪微博中增加汉服标签，所以点开话题看到的内容，相较于单一超话或者专业博主的内容会更加具有趣味性。

从上述汉服博主和相关超话的粉丝数量和讨论次数来看，新浪微博作为网站及贴吧的"后继者"，凝聚了更多的汉服同袍，也生成了更多的话题。新浪微博在内容表现形式相对贫乏的21世纪10年代初，以文字为主、图片为辅的形式进行汉服宣传。然而到了21世纪10年代后期及20年代早期，视频则越来越成为汉服宣传的主力军，精致、唯美且带有诗意风格的影像成为汉服视频的主流，为汉服吸引了更多的倾慕者。

二、哔哩哔哩和抖音——汉服的影像呈现

随着blog向vlog的进化，影像对文字的超越，汉服获得了提升自身影响力的有力途径。在哔哩哔哩和抖音上，都有大量的汉服热门视频。

汉服在哔哩哔哩上的生态与在新浪微博上有很大不同，汉服企业的官方账号在哔哩哔哩上的人气并不高，汉服社团的活动轨迹也比较少，人气比较高的是那些古风美妆和穿搭博主。比如哔哩哔哩的知名up主o小庄o，截至2021年8月有115.9万名的粉丝，发布的内容主要是古风妆容、穿搭和配饰。o小庄o播放量最高的视频是《【中国千年之美】大唐女儿行｜妆｜发｜饰｜服｜演变史》，目前共有256万的点击量。视频参考了真实史料，做了比较精细的还原，展示了初唐、武周、盛唐、中唐、晚唐时期各具特色的妆容和服饰。例如，从眉形上来说，视频教授了初唐时的月棱眉、武周时的涵烟眉、盛唐时的柳叶眉、中唐时的鸳鸯眉和晚唐时的远山眉的画法，每个眉形各有特点。对胭脂、唇红和头饰的展示亦是如

此。视频下的评论对这组妆容服饰还原给予了高度评价，网友东篱黄昏后说："初唐纤巧灵动，武周锋芒难掩，盛唐雍容温婉，中唐哀愁缠绵，晚唐极尽妍丽，像极了一个人由初生到暮年的转变，美得不可方物。"这条评论获得了将近1.4万个赞。[1]

o小庄o还原宋代妆容服饰的作品《【中国千年之美】大宋风雅录｜妆｜发｜饰｜服｜演变史》也很受欢迎，目前有将近139万的阅读量。这两组还原唐宋妆容服饰的视频都是哔哩哔哩官方活动"国风奇妙纪"的投稿作品，该活动面向站内up主征稿，要求上传时长大于30秒的原创国风类视频并勾选活动标签#国风奇妙纪#，可以看到在这个标签之下有很多高点击量的优秀作品，由此可以看到哔哩哔哩汉服相关内容生产的繁荣。这种繁荣不仅是汉服爱好者的高度关注造成的，也和汉服商家的活跃有关。比如上述o小庄o出产的这两组妆容还原视频，里面的每一件衣服都在视频下评论区里注明了是哪个店铺的什么名称的作品，直接带动了汉服的销售。

汉服在抖音上同样火热。抖音于2016年上线，到2021年拥有6亿日活用户，视频日搜索量超过4亿，如此庞大的潜在受众群体自然吸纳了许多汉服圈爱好者加入平台发展。

抖音庞大的用户流量为汉服带来的关注度可谓是空前的，在哔哩哔哩、新浪微博甚至海外视频网站YouTube上，"抖音上的汉服小姐姐，你pick哪一个""大美汉服，令人惊艳的汉服美女""TikTok抖音汉服合集"，诸如此类的视频随处可见。抖音的汉服生态圈和新浪微博更接近，也是由有代表性的账号引领，有代表性的账号主要分为热门店铺的企业账号和安利向的网红账号两类，除此之外也有美妆博主，其拍摄的热门变装视频能引起较高热度。

以热门汉服店铺汉尚华莲为例。汉尚华莲汉服是抖音关注度最高的汉服企业账号之一，于2018年4月开始运营，7个月后，粉丝便突破76万，截至2021年

1　o小庄o.【中国千年之美】大唐女儿行｜妆｜发｜饰｜服｜演变史[EB/OL]. (2021-6-3)[2023-2-14]. https://www.bilibili.com/video/BV1g5411M7eA.

8月底粉丝量为275.8万，点赞量超过3亿，单个视频最高播放量超过54万，点赞量1万以上的视频超过百条，商品橱窗浏览量超过百万。这个成绩远远超过同为热门店铺的钟灵记汉服、重回汉唐汉服。

不可否认，创立自2008年的汉尚华莲，作为较早从事汉服生产与售卖的店铺，在入驻抖音前早已在淘宝拥有较为强大的粉丝基础。但是从早期店铺图片我们也能看出，仅仅将汉服平铺拍照，并不能将汉服仙气飘飘的一面展现给消费者。而抖音的出现正弥补了这一缺陷。不过汉尚华莲早期在抖音的运营并不那么有特色，比如在2018年的抖音视频中，汉服模特还经常以现代妆容和披肩卷发搭配汉服出镜，视频背景是咖啡馆、写字楼，所拍摄的内容也常常是当时抖音流行的桥段。后期汉尚华莲改变营销策略：一是将视频中模特的妆容和发型都变得更加复古，不会再出现披肩卷发配高腰襦裙的雷人画面；二是背景多选取古代园林；三是使内容变得更有故事性，比如让模特扮演初遇唐明皇的杨玉环等。除了上述视频内容的改变外，汉尚华莲发布视频的频率也有所提高，由此吸引了更多的关注。

另一家汉服店铺西子问不是汉尚华莲那样老牌的汉服企业，视频的精良程度也比不过汉尚华莲，在抖音上的粉丝数量却超过了后者，截至2021年8月底有286万名粉丝，4.3亿的点赞量。究其原因，是因为这个账号十分有特色，抖音上选用的模特是一个特别可爱的小女孩柒柒，视频经常带上#骗你生女儿#的话题。西子问在新浪微博的账号只有1万名粉丝，在哔哩哔哩上的粉丝更少，只有500多名，由此可见其抖音运营策略的成功。

抖音上的汉服安利、科普账号也非常活跃。2021年8月粉丝量达到300万的零青子，发布的内容大多为穿汉服的过程，让用户直接看到上身效果。佛系少女-七七，粉丝130.7万名，她的视频内容大多是借转身时扬起裙摆等热门动作来表现汉服的美丽。相比哔哩哔哩的同类up主来说，抖音账户呈现出的汉服和妆容更偏向汉元素，较少走复原路线，视频制作也相对缺少技术性，而以发布频率高、更新快见长，这和抖音的整体风格是一致的。

第十一章　探本穷源：有关汉服运动的学术研究

第一节　汉服运动的研究现状

近年来，"汉服"一词频繁出现在公众视野中，"汉服表演""汉服产业""汉服运动""汉服文化"等主题在许多场域成为议论焦点，汉服体验馆、实体汉服售卖店、汉文化交流场所也在不少城市应运而生。汉服运动开始从网络逐渐渗透进人们的日常生活。汉服运动的兴起、发展与汉服同袍队伍的飞速壮大是现代社会文化多样性、包容度提升的体现，也是民众对复兴中华传统文化、进一步增强文化认同感和民族自豪感的诉求的表达。但与此同时，与汉服运动如火如荼进行的现状形成鲜明对比的，是学术界对于汉服运动关注的缺乏。目前国内对于汉服运动进行的研究较少，相关的文献数量不多，且较为分散。

一、汉服研究的内容和方向

据笔者的梳理归纳，目前国内外的研究及其成果主要集中在汉服的历史演变，概念的界定划分，汉服运动的起因、发展、影响等方面，从研究内容进行梳理主要可以分为以下几类。

第一，是汉服的特征与价值。

如中国美术学院的李晰在《汉服论》中对于汉服的主要材质及款式进行了梳理

与介绍 [1]；杨疏寒在《庄子美学思想对现代改良汉服的影响》中讨论了现代汉服在改良设计过程中对庄子美学理念的实践应用，提出了优化汉服后续发展的策略 [2]；朱艳玲、高珊、朱秋娟在《汉服元素的特点及其在平面设计中的应用研究》中介绍了汉服元素的特点及组合方式，分析了其在平面设计中的展现与应用 [3]；周思施和赵明在《布幅对汉文化圈传统女装造型的影响：以南宋墓葬出土汉族服装为例》中，探索了面料幅宽对汉文化圈传统女装造型的影响 [4]；张建和张志春在《中国传统国服文化价值初探》一文中详细阐述了国服的秩序性、教育性、礼仪性及象征性 [5]；付丽娜和谷联磊在《细说汉服由来及款式特征》中阐述了汉服的形成及汉服形制所体现的审美取向和所承载的文化底蕴，阐明了汉服具体的款式特征 [6]；鲍怀敏在《儒服深衣的形制变化与款式特征研究》中则聚焦深衣，对深衣的形制变化进行了分析，并对深衣款式特征进行了系统的分类 [7]。

第二，是探究汉服运动兴起的原因、过程及影响。

如郭周卿在《当代汉服复兴运动的特征及其发展趋势》中追溯了汉服运动的历史发展线索，概括了汉服运动的特征与发展趋势，探究其后的文化诉求与发展动力 [8]；苏静在《刍议汉服复兴》中探讨了汉服复兴运动的意义，并提出了一些复兴汉服的具体措施 [9]；王一开在《一场衣冠的先行：汉服与汉服运动》中，梳理了汉服和汉服运动的脉络，考证了汉服的由来，使读者明晰其背后所蕴藏的民族文化的自省和复兴的深远意义 [10]。

1　李晰.汉服论[D].西安：西安美术学院，2010年.

2　杨疏寒.庄子美学思想对现代改良汉服的影响[J].理论观察，2020（7）：33−35.

3　朱艳玲，高珊，朱秋娟.汉服元素的特点及其在平面设计中的应用研究[J].美与时代（上），2020（7）：58−60.

4　周思施，赵明.布幅对汉文化圈传统女装造型的影响：以南宋墓葬出土汉族服装为例[J].设计，2019，32（8）：100−102.

5　张建，张志春.中国传统国服文化价值初探[J].咸阳师范学院学报，2011，26（5）：88−92.

6　付丽娜，谷联磊.细说汉服由来及款式特征[J].轻纺工业与技术，2012，41（2）：54−56.

7　鲍怀敏.儒服深衣的形制变化与款式特征研究[J].管子学刊，2012（2）：89−91.

8　郭周卿.当代汉服复兴运动的特征及其发展趋势[J].武汉纺织大学学报，2019，32（5）：59−62.

9　苏静.刍议汉服复兴[J].文化学刊，2016（2）：49−50.

10　王一开.一场衣冠的先行：汉服与汉服运动[J].现代装饰（理论），2015（9）：226.

第三，讨论汉服运动发展中呈现的问题。

韩星在《当代汉服复兴运动的文化反思》中对汉服运动出现的问题与争议进行了归纳与反思 [1]；张小月在《汉服运动的现状与问题：与和服的比较考察》一文中试图通过与和服在日本传承的比较，为中国汉服运动的实践和长远发展提供借鉴 [2]；王晓雪和卢永妮在《汉服的传承与保护研究》中梳理了汉服发展的历史，考察了汉服的发展现状及其传承中遇到的问题，并提出了促进汉服保护与传承的相关对策 [3]。

第四，关注汉服运动的商业化、现代化与社会化进程。

钱狄青在《"一带一路"背景下汉服文化传播与产业发展研究》中阐释了汉服文化的基本内涵，并结合如今"一带一路"的大背景，对汉服文化线下传播的现状及未来的发展路径进行了简要的分析 [4]；马宇颖、丁胜、刘澳等人在《汉服文化及产业发展路径研究》中解析了汉服的文化内涵，以及汉服及其相关文化的阶段性发展特征，并重点对现代汉服文化发展与产业发展路径进行了分析 [5]；陈虹婷和李晶的《基于汉服文化的交互产品设计》在对汉服文化体系进行研究的基础上，提出汉服文化APP建设的必要性和可行性，并详细阐释了汉服文化APP的设计思路、信息架构、界面视觉、交互设计等新思路 [6]；刘芮在《互联网背景下汉服产业发展的契机和挑战》中以互联网为背景，分析汉服产业的发展现状和意义，以及互联网对汉服产业所提供的契机和该产业所要面临的挑战 [7]；张立松在《汉服在旅游景区中的开发与应用研究：以曲阜三孔景区为例》中，结合了汉服的特点与发展现状，探究

1　韩星.当代汉服复兴运动的文化反思 [J].内蒙古大学艺术学院学报, 2012, 9（4）: 38-45.

2　张小月.汉服运动的现状与问题：与和服的比较考察 [J].贵州大学学报（艺术版）, 2018, 32（6）: 39-46, 102.

3　王晓雪，卢永妮.汉服的传承与保护研究 [J].科教文汇（中旬刊）, 2020（10）: 191-192.

4　钱狄青."一带一路"背景下汉服文化传播与产业发展研究 [J].纺织报告, 2020（1）: 127-128.

5　马宇颖，丁胜，刘澳，等.汉服文化及产业发展路径研究 [J].汉字文化, 2020（15）: 141-142.

6　陈虹婷，李晶.基于汉服文化的交互产品设计 [J].设计, 2020, 33（4）: 134-136.

7　刘芮.互联网背景下汉服产业发展的契机和挑战 [J].中国产经, 2020（6）: 84-85.

了汉服的应用在推动旅游景区的建设、促进旅游业发展方面的作用[1]。

第五，从文化和教育的层面思考汉服运动。

如曹革蕾、岳文侠、张佩等人的《各朝代文化特点与汉服形制的关系》，呈现了汉服在不同朝代受到特定时代文化影响而发生的变迁[2]；李春丽、朱峰、崔佩红在《基于亚文化视角的青年"汉服文化"透视》中，基于亚文化的视角透析了汉服文化在青年群体中兴起的原因及汉服爱好者们当下的主要目标诉求和实践形态[3]；刘晓在《文化传播，衣冠先行：对汉服在当代进行跨文化传播中的思考》中，对于汉服如何在当代进行跨文化传播进行了探讨[4]；郭淘淘在《传统汉服文化融入高校思想政治教育的探索》中，从当前政策与现实出发，分析了汉服文化发展现状和高校思想政治教育中存在的不足，阐述了汉服文化对高校思想政治教育工作的重要作用，倡导推进汉服文化与高校思想政治教育的创新融合与发展[5]；王淑珺在《文化自信视域下汉服复兴与青少年培养》中，提出了以汉服复兴为载体，通过合理的引导路径，有效地培育新时代青少年的文化自信，提升其思想政治素养的观点。[6]

二、汉服运动研究的文献数量、变化趋势

目前，学术界对于汉服的关注度与研究力度虽与之前相比有了一定的提高，但相较于其他中国传统文化和民族文化的代表性符号来说，有关汉服的学术研究及相关文献仍较少。汉服运动出现在媒体报道、期刊、论坛、学术网站的频次仍较低。

据笔者的统计，在中国知网上，关于"汉服运动"的搜索结果共有120条。在

---

1 张立松.汉服在旅游景区中的开发与应用研究：以曲阜三孔景区为例[J].科技经济导刊，2016（34）：105-106, 16.

2 曹革蕾，岳文侠，张佩，等.各朝代文化特点与汉服形制的关系[J].福建茶叶，2020, 42（4）：381.

3 李春丽，朱峰，崔佩红.基于亚文化视角的青年"汉服文化"透视[J].当代青年研究，2015（1）：40-46.

4 刘晓.文化传播，衣冠先行：对汉服在当代进行跨文化传播中的思考[J].天津美术学院学报，2019（1）：101-103.

5 郭淘淘.传统汉服文化融入高校思想政治教育的探索[J].教育教学论坛，2020（12）：68-70.

6 王淑珺.文化自信视域下汉服复兴与青少年培养[J].文学教育（下），2020（3）：172-173.

有关"汉服运动"的学术研究论文中，最早的一篇是 2005 年由阚金玲发表的名为《汉服先锋，不仅仅是勇气》的文章。[1] 此后的 2006 年至 2010 年间，每年大约有 4 到 8 篇相关论文出现；2011 年达到 11 篇；2011 年至 2021 年，每年保持在 10 篇左右。在这些学术研究论文中，学位论文有 9 篇，都是硕士学位论文，没有相关的博士学位论文。

就汉服相关的书籍方面，目前的出版书籍大致有十几本，且研究方向集中在历史、服装、服饰史等领域，对于汉服运动发展的梳理及研究少之又少，只有 2～3 本。现有的汉服相关出版书籍大致可分为针对汉服的概念和汉服运动的介绍、古代服饰发展通史、古代服饰专题研究、与汉服相关的其他专题四大类。[2]

（一）针对汉服的概念和汉服运动的介绍

此类书籍大多指直接以"汉服"作为书名中的关键词的图书。比如北京服装学院的教师蒋玉秋等人编著的《汉服》[3]，是中国第一本直接以"汉服"为第一主题出版的图书，内容主要包括汉服渊源、细说汉服、汉服礼仪、打造自己的汉服、聚焦汉服运动等方面。这本出版于 2008 年的书，出版已十多年，但因其内容基础、全面，作为新手入门读物仍然是适宜的，可以使初学者对汉服的概念、历史渊源、服饰特点有初步的了解。但也因出版较早，书中有一些观念已经和现在的汉服运动有一些距离。

杨娜编著的出版于 2016 年的《汉服归来》[4] 比较细致地记录了汉服运动发生、发展的历程。杨娜是社会学博士，媒体从业者，同时她也是一位资深汉服文化爱好者，是汉服圈早期的网络红人，网名为兰芷芳兮。杨娜自 2006 年起关注汉服运动，2008 年留学英国期间创立了英伦汉风社，2009 年至 2011 年还曾连续两年

1　阚金玲.汉服先锋，不仅仅是勇气[J].民族论坛，2005（11）：37-39.

2　铲史的.杂文 | 汉服相关书籍阅读指南[EB/OL].（2017-10-19）[2023-2-14]. https://mp.weixin.qq.com/s?__biz=MzI0MDQ5NzY4Ng==&mid=2247483890&idx=2&sn=2be7a4a06764b5ef997f83a2877fe4af&scene=21#wechat_redirect.

3　蒋玉秋.汉服[M].青岛：青岛出版社，2008 年.

4　杨娜.汉服归来[M].北京：中国人民大学出版社，2016 年.

担任汉服北京负责人。2009 年在文化部批准、由第十一届亚洲艺术节执委会主办的"民族之花"评选活动中获得冠军，并以"汉族之花"的名义着汉服参加了亚洲艺术节。自 2009 年起专注于梳理汉服运动的发展历史与脉络，在网络上共发布了三版《汉服运动大事记》，并在 2016 年随《汉服归来》的出版将《汉服运动大事记》更新至第四版。[1]

正是出于对汉服文化的深沉的热爱，杨娜不仅是这场社会运动的观察者、记录者和分析者，也是其中的参与者、探索者与推动者。《汉服归来》所包含的内容十分全面：在实践活动方面，《汉服归来》记述了汉服的形制沿革、汉服运动的社团活动、汉服产业的商业趋势；在文化内涵方面，记述了和汉服相关的礼仪民俗、诗书乐舞；在参与者方面，记录了精英阶层、"草根"大众和媒体人的不同活动轨迹，几乎囊括了截止到 2016 年的汉服运动的所有重大事件、重要人物及经典活动和作品。通过此书，我们不仅可以看到对于汉服运动较为全面的总结归纳，还可以看到汉服爱好者围绕汉服展开的思考、争辩与实践，看到其中蕴含着的古老文化传统与充满热情的年轻同袍之间的巨大张力。[2]

与前面两本书相比，出版于 2016 年的《当代汉服文化活动历程与实践》更像一本以汉服复兴为主题的资料集。[3] 此书辑录了 2003 年以来汉服文化的活动日程，包含 2013 年第一届西塘汉服文化周活动记录，百家论坛暨高峰论坛发言集萃，2003—2016 年汉服大事记及汉服运动十大新闻。除了梳理十多年来汉服运动大事件外，书中还收录了名家思想与研究、全国汉服组织名册、2014 年汉服发展趋势调查报告，为汉服同袍与研究者提供了有益的参考。

除上述详述介绍的书籍外，该类目下可读的书籍还有《青青了衿：汉服古潮志》（广西美术出版社，2015 年）、《华夏衣冠：中国古代服饰文化》（上海古籍出版社，2016 年）、《汉风潮流志》（长江出版社，2020 年）等。

1　儒家网.【百发】汉服归来出版，记录十数年壮阔波澜，推动汉服运动再上层楼 [EB/OL]. (2016-7-25) [2023-2-14]. https://www.rujiazg.com/article/8648.

2　杨娜.汉服归来 [M].北京：中国人民大学出版社，2016 年.

3　刘筱燕.当代汉服文化活动历程与实践 [M].北京：知识产权出版社，2016 年.

（二）古代服饰发展通史

此类书籍的内容多为服装通史，对各个朝代的服饰都会较为系统地讲到。通史类书籍信息量通常很大，书名也都带有"中国服饰""古代服饰""历代服饰"等概括性较强的词组。这些书往往会涵盖所涉及朝代的各民族服饰，尤其是那些比较活跃的少数民族的服饰，比如胡、羌、党项等民族的服饰，但占篇幅最多的还是汉族民族服饰。

沈从文编著，郭沫若作序，1981年由商务印书馆香港分馆出版的《中国古代服饰研究》是1949年以来最为著名的中国古代服饰研究专著之一。沈从文在书中的引言部分阐述了自己做服饰研究的方法："从常识出发排比材料，采用一个以图像为主结合文献进行比较探索、综合分析的方法，得到些新的认识理解，根据它提出些新的问题……应用方法较实际，由此出发，日积月累，或许还是一条比较唯物实事求是的新路。"[1]

秦方在《20世纪50年代以来中国服饰变迁研究》中这样评价这本书："书中的内容自殷商至清朝，以服饰为主要叙述的主题，但又不仅仅以服饰论之，共计有图像700幅，25万字。它以服饰为载体，贯穿叙述了中国历代朝野的政治、军事、经济、文化、民俗、哲学、伦理等诸多风云变迁之轨迹，显得尤为珍贵。书中观点论证谨慎，考证清晰，大量极具视觉冲击力的珍贵图片，更是对书中的观点进行了有力的佐证。《中国古代服饰研究》具有以'实'为核心的特点，这使得此书较为通俗易懂，是非常适合入门者的'引领之作'，为后人对于服饰史更深一步的研究打下了坚实的基础，是中国古代服饰研究的奠基之作与里程碑。但《中国古代服饰研究》也存在着问题：明清部分内容相对匮乏，叙述不够详尽、清晰。"[2]

1984年出版，由周汛、高春明编撰的《中国历代服饰》[3]，也是一本服饰史方面的优秀学术专著。全书从上古时代披发覆面的习惯讲起，沿朝代更迭，记述了

1　沈从文.中国古代服饰研究[M].北京：商务印书馆，2011年，第1—2页.

2　秦方.20世纪50年代以来中国服饰变迁研究[D].西安：西北大学，2004年.

3　周汛，高春明.中国历代服饰[M].上海：学林出版社，1984年.

服制在商代的发端，冠袍在秦汉的发展，魏晋南北朝、隋唐五代服饰的繁荣，宋时理学对服饰的影响，辽金元时期民族服饰的多样化，明清服饰对严格等级制度的体现。书中有大量插图，其中彩图 346 幅，并附有"中国服饰沿革简明图表"。《中国历代服饰》脉络清楚，文献丰富，语言流畅易懂，为想要了解服饰沿革的读者提供了一幅清晰的历史图景。

上海戏剧学院周锡保教授编著的《中国古代服饰史》[1]，从原始社会人类开始学习磨制骨针缝兽皮开始，完整记述了周、汉、魏晋、南北朝、隋、唐、五代、宋、辽、金、元、明、清、辛亥革命后等不同历史时期，中国服饰的发展和变化，对不同时代的首服、袍、裙、鞋，各类配饰、首饰都有详尽的描述，并配有大量的插图，给予了直观生动的呈现。除了服饰之外，本书还描写了社会各个阶层和服饰相关的风俗人情，还原服饰生成和使用的时代背景，加深读者对特定服饰和相关礼仪的理解。书中引用了丰富的历史文献材料，研究深入，风格严谨，经常用作各类大学和专科学校相关专业的教材或参考书籍。

其他的还有《中国历代服饰史》（高等教育出版社，1994 年）、《中国古舆服论丛》（文物出版社，2001 年）、《中国服饰通史》（宁波出版社，2002 年）、《中国服饰艺术史》（天津人民美术出版社，2009 年）、《一读就懂的中国服饰简史》（东华大学出版社，2014 年）、《衣裳中国：中国历代服饰赏析》（东华大学出版社，2014 年）等，也可作为了解汉服的通史类参考书籍阅读。

（三）古代服饰专题研究

古代服饰专题研究通常围绕某个时间段，或某些人群的服饰特征展开，也可以就服饰中的某些元素或风格展开论述。

王关仕所著的出版于 1977 年的《仪礼服饰考辨》[2]，是研究中国周代礼仪服饰的专著。李晰在《近现代"汉服"相关学术研究概况分析》中评价说，此书对"服饰

1　周锡保.中国古代服饰史[M].北京:中央编译出版社,2011 年.
2　王关仕.仪礼服饰考辨[M].台北:文史哲出版社,1977 年.

之由来、服名之所因、服章之色饰到辨古书中言服饰之疑义等方面的内容详细叙述，同时还在书的末尾附上了仪礼服饰图五种，清晰明了地分析了服饰形制，为研究周代仪礼服饰提供了宝贵的参考资料"[1]。

2011 年由北京邮电大学出版社出版的，董进（撷芳主人）的《Q 版大明衣冠图志》是古代服饰专题研究中最为流行的著作之一。董进同时也是大明衣冠–中国服饰史论坛的创办人，他这样描述自己编著这本书的初衷："近年来，随着传统文化关注度的不断提升，大家对中国古代服饰的兴趣也日益浓厚。但由于目前中国服饰史研究和普及工作相对滞后，加上现代古装影视剧中大量毫无依据的造型设计的误导，人们对古人的真实衣着形象普遍缺乏正确的认知。与此同时，明代是丝绸织绣工艺水平登峰造极的时代，其服饰艺术在中国服饰史上有着极高的成就，传世与出土的实物数量非常丰富，相关文献资料也较为完整，如能对它们进行系统的整理与研究，诞生一部明代的服饰断代史是完全有可能的。但由于各种客观原因，在现阶段看来，这还只是一个美好的愿望。正因为如此，我才萌生了绘制这套漫画的想法，希望能用卡通这样一种轻松、活泼的方式，让大家（尤其是年轻人）对真实的明代服饰有一个初步的了解。同时也希望能尽我绵薄之力，对专业领域的研究者们有些微的帮助。"[2]《Q 版大明衣冠图志》分为 15 卷，分别描绘了从皇帝、皇子、后妃，到官员、命妇，再到平民百姓，包括僧道、乐舞艺人等社会各阶层人员的服饰。全部服饰都用可爱的 Q 版形象绘制，并搭配简洁精练的语言进行说明。虽然用了漫画手法，但整本书是在对明代文物和历史文献做了大量考证的基础上创作的，不仅有趣，而且真实可信。

像《Q 版大明衣冠图志》这样将通史类书籍中的某一章、节甚至某个点单独拎出，对其进行专门的探索与研究的书，适合对于服饰的某一领域尤为感兴趣的读者。专门研究古代服饰研究文献的《中国历代〈舆服志〉研究》（商务印书馆，2015年），区分人群的《中国历代帝王冕服研究》（东华大学出版社，2008 年），区分朝

1　李晰.近现代"汉服"相关学术研究概况分析 [J].时代文学（双月上半月），2010（1）：156–157.
2　董进.Q 版大明衣冠图志 [M].北京：北京邮电大学出版社，2011 年.

代的《明朝首饰冠服》（科学出版社，2000 年）、《唐代服饰资料选》（北京市工艺美术研究所，1979 年），服饰元素方面的《中国传统服饰图案与配色》（大连理工大学出版社，2010 年），抽象内涵方面的《服饰与中国文化》（人民出版社，2001 年），以及工具书形式的《中国古代衣冠辞典》（常春树书坊，1990 年）等，均是专题类的书籍。

（四）与汉服相关的其他专题

还有一些书籍并不是专门研究汉服的，但所研究的主题却和汉服有着千丝万缕的联系。比如研究婚丧嫁娶等民俗的著作，仪式上的专用服饰通常是这类书籍会重点关注的部分。又比如说研究东北亚国家和中国的文化交流的书籍，汉服的对外影响也是值得记述的部分。再比如，还有探讨戏曲、影视的服饰、化妆的书籍，梳理历史上女性的生存发展状况的书籍，宫廷、士人和市井小民的生活史，都会给汉服研究带来更多样化的视角，提供更开阔的视野。

如 2013 年由中央民族大学出版社出版的、周梦的《中国民族服饰变迁融合与创新研究》，[1] 分 7 章对先秦、魏晋南北朝、唐、宋、清、民国与现代民族服饰的融合过程进行了研究，考察了在这些多民族文化交流频繁的时期，不同民族的服饰要素是如何相互影响，并融入新的文化空间中去的。全书有详尽的插图对服饰的变化融合进行说明，清晰易懂。民族融合的视角为人们理解汉服丰富多元的要素构成提供了大历史视野。

2016 年由浙江大学出版社出版的，竺小恩、葛晓弘的《中国与东北亚服饰文化交流研究》，分上下两篇论述了中国古代服饰对周边国家的影响与交流。上篇主要讨论箕氏朝鲜和卫满朝鲜，高句丽、百济和新罗，高丽，以及李氏朝鲜，分别与汉、唐、宋、元及明代，在服饰方面有过什么样的借鉴和交流；下篇写日本从绳文、弥生和古坟时代，一直到明治维新之后，对中国服饰中的哪些要素进行了

1　周梦.中国民族服饰变迁融合与创新研究[M].北京:中央民族大学出版社,2013 年.

2　竺小恩,葛晓弘.中国与东北亚服饰文化交流研究[M].杭州:浙江大学出版社,2016 年.

学习，又把什么样的要素传送入中国。本书交错对照的历史视野十分具有启发性。

如《中国京剧服饰》（五洲传播出版社，2004 年）、《织机声声·川渝荣隆地区夏布工艺的历史及传承》（中国纺织出版社，2014 年）、《中国民族服饰变迁融合与创新研究》（中央民族大学出版社，2013 年）等书籍，其主题看似与汉服关系甚远，实则暗藏一脉之亲。

第二节　汉服运动研究中的争论焦点

当前社会上对汉服运动研究的争论焦点，主要集中于对待汉服运动的态度上，即是否应该支持汉服运动、如何把握尺度、如何取精去糟、如何推动汉服现代化，以及汉服运动是否会促进文化复兴主义的发展。从本质上来说，争论的焦点其实就是对汉服运动利与弊的思考和权衡。

目前社会上对于汉服运动的态度主要有以下几种。

一、对汉服运动的发展抱着积极态度，并发声支持

如周衡和许云彤在《论汉服的复兴与大学校园文化建设》[1]中，阐释了汉服对人们本身素质和文化的提高起到了积极的作用，同时也在此基础上对汉服的"校园风"提出了反思与展望；许海玉对话北京服装学院教授袁仄，提出给汉服一个复兴的理由[2]；阚金玲在《汉服先锋，不仅仅是勇气》[3]中赞扬了汉服运动实践者的勇敢与民族情怀。最早在网上开展"推广汉服计划"的汉网新闻发言人李敏辉认为，"华夏复兴，衣冠先行"，我们需要一面旗帜来引领我们，与断裂的历史文化相衔接。汉服就是这面旗帜，由汉服把现代文化与历史文化连接起来，使现代文化的根扎下去，我们的民族才能凝聚，才能发展，才能强大，才能实现复兴。[4]更有人提议

1　周衡，许云彤.论汉服的复兴与大学校园文化建设[J].商业文化（下半月），2011（11）：187-188.
2　许海玉.给"汉服"一个复兴的理由：对话北京服装学院教授袁仄[J].中国制衣，2007（11）：38-39.
3　阚金玲.汉服先锋，不仅仅是勇气[J].民族论坛，2005（11）：37-39.
4　王雪莉.宋代服饰制度研究[D].杭州：浙江大学，2006 年.

应将"汉服"定为"国服"。在 2007 年的全国两会上，全国人大代表刘明华建议，在汉服的基础形制上设计博士、硕士和学士的学位服，使学位授予仪式更具有民族精神。全国人大代表叶宏明表示，被西方人视为中国服饰典范的中山装、旗袍并不能够反映出中国文化精神的全貌，而汉服则更能够体现中国文化仁善和谐的精神内核。复旦大学历史系教授顾晓鸣这样评价汉服热："提倡汉服的活动是中国青年人的一种民族文化的自觉，是对过度洋化和盲目追赶西方时尚倾向的一种文化的反拨。在寻找汉服，寻找中国式符号的努力背后，是年轻人寻找失落的自我和身份的渴望。"[1]

汉服运动研究者陈英认为，目前总体而言，对汉服运动支持的声音要大过质疑。它得到了不少来自不同领域的人士的支持，包括大学教授、影视演员、服装设计师等。这些人在讨论中得到共识：汉服绝不只是一件美丽的衣服，汉服在悠久的历史发展过程中已经成为民族文化和民族精神的承载物。汉服"是民族审美情趣、风俗习惯的外在表现，它体现着血脉里传承的文化内涵，代表着民族厚重的文化根基，包含着汉族人民对天地自然的尊重，对人格理想的追求。汉族服装是汉族文化的载体，在现代社会中传统文化对社会的和谐发展能起到不可磨灭的作用。汉服运动的发展，有利于汉族传统文化的传承和发展，有利于提高民族凝聚力和自豪感，恢复汉服十分必要"[2]。

二、对汉服运动提出疑问

对汉服运动的质疑主要聚焦汉服的概念是否过于笼统，汉服热是否流于表面形式等方面。周攀在《从"汉服运动"看跨文化比较的误区》一文中，站在跨文化的角度，认为汉服热有忽略民族服装的差异性，用同质化的想象替代史实的倾向，强调从个案研究出发探讨历史和文化问题[3]；吴学安在《"汉服"应避免过度娱乐化》

1　中国新闻网.当代中国人应该穿什么？北京奥运引爆汉服争议[EB/OL]. (2007-4-22)[2023-4-28]. http://news.sina.com.cn/0/2007-04-22/120411691223s.shtml.

2　陈英.关于当代汉服复兴的探讨[J].南宁职业技术学院学报, 2010（4）: 20-23.

3　周攀.从"汉服运动"看跨文化比较的误区[J].青年作家（中外文艺版）, 2010（11）: 69-70.

中指出，对汉服的推广应抱以更加理性的态度，避免汉服被过度娱乐化，应致力于发掘其精神内核，避免陷入"形式复古"的误区[1]；廖宝平在《对复兴汉服的焦虑》中认为，对汉服要避免陷入狂热的情绪，需要冷静理智的态度[2]；樊树林也表达了对于汉服运动的忧虑，认为汉服过度商业化，剑走偏锋不可取[3]。

媒体报道中最具代表性的反思文章，是《人民日报》2007年4月6日第11版发表的《三问"汉服热"：复兴情，还是复古秀？》，作者吕绍刚在采访了有关专家后，在文中提出了三大疑问。

（一）博取眼球？抢占商机？

第一财经商业数据中心联合天猫服饰于2020年发布的《线上汉服消费洞察报告》显示：近年来汉服的市场规模呈现井喷式增长，2019—2020年的消费者人数渗透率更是翻倍增长。[4]

在2019年3月，淘宝新势力周发布的《2019中国时尚趋势报告》显示，在时尚关键词搜索趋势top10中，"汉服"位列女装排行榜第三。"汉服"搜索量同比增长2倍，连续数月搜索人数超"衬衫"[5]。

除此之外，艾媒咨询的数据显示，在2019年，汉服市场的销售规模高达45.2亿元，同比增长318.5%，汉服爱好者人均贡献销售额1269元。在2019年淘宝销售额top10的汉服商家年增长率都在175%以上。与此同时，汉服市场近几年获得资本青睐，正在向品牌化、细分化的方向发展。2018年1月，汉服品牌织羽集获得了由险峰长青资本领投，辰海资本、东湖天使基金和AC投资跟投的2000万元

1　吴学安."汉服"应避免过度娱乐化[N].中国艺术报，2020-6-17.

2　廖保平.对复兴汉服的焦虑[J].人民公安，2006（13）：17.

3　樊树林.汉服过度商业化 剑走偏锋不可取[N].中国商报，2019-9-20.

4　第一财经商业数据中心，天猫服饰.线上汉服消费洞察报告[R/OL].(2020-3-31)[2023-2-14]. https://www.cbndata.com/report/2218/detail?isReading=report&page=1.

5　胖鲸网.淘宝：2019中国时尚趋势报告[R/OL].(2019-3-19)[2023-2-14]. https://socialone.com.cn/tb-fashion-report-2019/.

天使轮融资。同年，森马集团从童装着手也开始布局汉服市场。[1] 2019 年 9 月，盘子女人坊从中国古风摄影服务平台分离出汉服品牌，正式进军汉服产业。

但由于发展周期较短，汉服的商业模式还很不成熟，存在着诸如原创动力不足、山寨抄袭现象频发、定价不合理等问题。《记者观察》上的一篇综合报道《汉服产业的"隐秘"角落》指出：首先，汉服产业是一个新兴行业，汉服商家自身的知识产权保护意识弱，大家普遍认为抄袭取证困难，打官司困难，需要付出的时间和经济成本太高，因此很难真正做到及时运用法律手段维权；其次，汉服的许多热点是炒作出来的，有内动力不足、饥饿营销之下价格虚高的现象。这些都影响到汉服产业稳定有序的发展。[2]

（二）汉本位？极端民族主义？

一些讨论者批评"汉服运动"中确实存在的"大汉族主义"情绪或"汉族中心主义"观念，担心它的蔓延有可能会对国内的民族关系产生不良的影响。《三问"汉服热"：复兴情，还是复古秀？》引用了作家余秋雨的话："如果中国人都要穿'汉服'，那就进入了一个民族主义的概念之中；既然已经进入这个概念，那我要问：你们把五十几个少数民族放在哪里？"同类质疑的声音还有张跣的《"汉服运动"：互联网时代的种族性民族主义》："汉服运动的认同，是一种汉民族本位的认同。这样一种认同，完全是一种本质主义的认同观。它不仅预先假设了汉民族血统的纯正性和非生成性，完全无视从古到今不曾停息的民族之间从血缘到文化（包括姓氏）的交流与融汇，而且完全无视各少数民族在创造中华文明的历史进程中的伟大作用。"另外，张跣在文章中还指出，以复兴汉服为标志的社会运动具有几个突出的特点：第一，目标明确，既有现实定位，又有远大理想，绝不是单纯地恢复汉民族服装那么简单，而是一场全方位的以汉民族为中心的民族主义运动；第二，它有着清晰的内在逻辑，甚至是醒目的组织色彩和等级观念，比如汉

---

1 艾媒咨询.汉服产业报告：汉服爱好者超 200 万，市场销售额将达 14.1 亿，产业周边延伸[EB/OL].(2019-12-7)[2021-8-29]. https://www.iimedia.cn/c460/67095.html.
2 记者观察.汉服产业的"隐秘"角落[J].记者观察, 2021（1）：54-57.

网所呈现出来的倾向；第三，以汉网为代表的汉服运动的主要网站与其说致力于文化交流，不如说是组织宣传；第四，汉服运动的一些表达具有强烈的战斗色彩，部分狂热参与者唯汉服独尊，攻击其他类型的装束，甚至表达了一些不尊重其他民族的言论，引发公众反感。[1]

（三）形式主义？复古表演？

伴随着恢复汉服和古礼的诉求，汉服运动还提出了一些改变现代社会生活习惯的建议：比如说将公元纪年改为黄帝纪年，让一些地方恢复古代地名，倡导读经和读私塾。这些更改并不能为现代生活提供更多便利，带来更多实质上的精神满足，而是过度注重形式，带有明显的表演倾向。在 2006 年一次记者会上，文化部部长孙家正说："有些地方有些青年人在提倡穿汉服，但是我到现在都搞不清楚什么服装是能够真正代表中国的服装，这恐怕是我们面临的一个最大的困惑。"这是对汉服作为文化符号有效性的质疑。[2]张贺也在《人民日报》上发文表示，在弘扬中华优秀传统文化的过程中，我们要警惕陷入形式化与极端化的桎梏："汉服热也好，国学热也好，祭孔热也好，都只是形式上的热闹，而没有触及人的精神世界。以儒家思想为主体的中华传统文化之所以能历数千年而生生不息，不是因为这些形式上的东西，而是因为它作为一种人生哲学构建了中国人的思想意识和生活方式，成为中国人的文化基因。"[3]

三、理性地看待汉服运动，对其发展保持观望

在支持和质疑的声音之外，还有人试图调和平衡，从汉服运动的积极与消极影响方面折中思考，如：熊建军的《论汉服运动》阐明了汉服在中国服饰文化中的

1　张跣."汉服运动"：互联网时代的种族性民族主义 [J].中国青年政治学院学报, 2009, 28（4）: 65–71.

2　新晚报.文化部长：该我做的没做好 [EB/OL]. (2005–5–27)[2021–8–21]. http://ent.sina.com.cn/x/2006–05–27/01121098650.html?from=wap.

3　张贺.人民日报：穿汉服就是弘扬传统文化？ [EB/OL]. (2017–1–12)[2021–8–29]. http://opinion.people.com.cn/n1/2017/0112/c1003–29016599.html

地位与现状，尝试为汉服运动找到一个合适的定位[1]；袁跃兴在《我们应该怎样看待"汉服热"》中强调要舍弃功利主义的态度，对汉服文化怀有敬畏之心，不要使"汉服热""国学热""传统文化热"有关的文化活动变味[2]；服装设计师郭霄霄也提出了自己关于"汉服热"现象的理性思考，提倡走出一条传承、融合和创新发展的道路[3]。

第三节　汉服运动研究与其他学科的交叉

由于汉服运动不仅是一场恢复古代传统服饰的运动，而且是包含有文化、美学、社会伦理等多方面的诉求的运动，所以对汉服的研究也跨越了多个学科，涉及服装、历史、考古、经济学、社会学、美学、现象学等多个领域。有网友制作了一张汉服跨学科逻辑关系图，直观呈现了汉服研究横跨多学科的面貌。

一、服饰史学

李芽在《中国服饰史学发展述论》中这样定义服饰史学："中国服饰史的早期研究建立在考古学和对历史文献研究的基础之上，后又融合服饰学，形成主要兼跨考古学、历史学和服饰学的特征。21 世纪以来，伴随着考古成果的新发现、考古技术的进步、对旧藏古籍的大量整理和出版，以及各项自然科学和社会科学研究的渗透，中国的服饰史学逐渐形成了以考古学、历史学和服饰学为主体，多学科综合交叉，多角度综合分析的研究特点。研究范围扩展至纺织学、民俗学、社会学、心理学、经济学、机械学、艺术学、美学、人种学、传播学等诸多学科。"[4]

同时，李芽还在文中分类列举了服饰史优秀的研究成果，譬如：以历史学和考古学为依据，以汉族服饰为主要研究对象的断代史及通史的研究，如孙彦贞的

1　熊建军.论汉服运动[J].唐山学院学报，2011，24（2）：74-75.

2　袁跃兴.我们应该怎样看待"汉服热"[N].中国商报，2015-7-7.

3　郭霄霄.关于"汉服热"现象的理性思考[J].服装设计师，2020（4）：60-63.

4　李芽.中国服饰史学发展述论[J].服饰导刊，2018，7（6）：23-32.

《清代女性服饰文化研究》（上海古籍出版社，2008 年）、贾玺增的《中国服饰艺术史》（天津人民美术出版社，2009 年）、徐晓慧的《六朝服饰研究》（山东人民出版社，2014 年）、张蓓蓓的《彬彬衣风馨千秋：宋代汉族服饰研究》（北京大学出版社，2015 年）等；关于传统服饰材料、结构及工艺的研究，如陈静洁、刘瑞璞的《中华民族服饰结构图考》（中国纺织出版社，2013 年）、赵丰的《中国丝绸艺术》（外文出版社，2012 年）、侍锦的《中国传统印染文化研究》（人民出版社，2016 年）、贺琛的《中国民族服饰工艺文化研究：亮布·织绣·蜡染·女装结构》（云南大学出版社，2006 年）等；在服饰史研究基础上进行文化提炼和阐释的服饰文化的研究，如高春明的《中国服饰名物考》（上海文化出版社，2001 年）、孙机的《华夏衣冠：中国古代服饰文化》（上海古籍出版社，2016 年）等；还有对于出土及传世文物画册和服饰类古籍进行的编辑整理，如天津人民美术出版社编辑的《中国织绣服饰全集》（天津人民美术出版社，2004 年）、故宫博物院等编辑的《大羽华裳：明清服饰特展》（齐鲁书社，2013 年）、北京市文物局编辑的《明宫冠服仪仗图》（北京燕山出版社，2016 年）等。[1]

这些服饰史研究著作构成了汉服运动的知识库，经常在汉服相关书目中被同好们大力推荐，影响力显著。首先，这些著作为汉服的形制研究提供了重要的历史线索，能够让汉服制作得更加真实。其次，这些著作提供的服饰细节，拓展了受困于现代服饰习惯的汉服爱好者们的想象力，发展出了更加丰富的汉服美学元素，为汉服的创新设计提供了灵感。最后，一些对于服饰面料纺织、印染、缝纫和刺绣工艺的专项研究，为汉服爱好者提供了还原古代制衣技艺的有效信息。

二、考古学

考古，是研究实物史料的学科。考古学在欧洲最早是指古代史的研究，到了 19 世纪，发展成为对古迹和古物的研究。中国在东汉已经有了"古学"这个名词，古学指研究古代的学问。北宋诞生的金石学已经有了考古学的初始形态，只是金

1　李芽.中国服饰史学发展述论 [J].服饰导刊，2018，7（6）：23–32.

石学的研究对象局限于青铜器和石刻。清末金石学的研究范围得到扩大，成为古器物学。现代考古学的研究对象是人类发展遗存下来的所有物质资料。考古学对各种学科史，比如对建筑史、冶炼史、雕刻史、绘画史、纺织史、货币史、兵器史等，都起到了重要的帮助作用。[1]

对于汉服运动来说，最好的学习材料就是考古发掘的历代服饰的实物，这比文字记载的服饰形制要直观形象得多。模仿服饰文物还原的汉服最能寄托汉服同好的怀古幽思。但是由于历史久远，明代之前的服装实物能完整留存下来极为不易，那么历代绘画、雕刻中的服饰形象也可以作为很好的参照。

汉服运动对考古学的偏爱也为考古学提升科普影响力提供了契机。重庆师范大学历史与社会学院的沈涛在《公众考古学视野下的汉服运动》中写道："公众考古学的理念，不仅要把发现的珍贵遗迹告诉公众，把经过科学研究后得到的关于历史的科研结果告诉公众，同时还需向公众科普考古学的学科体系，并且引导公众了解考古学的众多学科常识。由于考古学是理论更新与成果研究速度非常快的一门学科，因此还要经常向公众及时汇报最新的研究动态和宣传已有的学术成果。一般的社会公众由于缺乏考古学的专业知识和学术背景，往往对考古学的研究对象和研究方法存在误解和盲区。考古学的研究方向虽然主要由学科自身的发展现状决定，但是社会大众的需求往往也会鼓励考古学者面向热点领域展开独特的学科研究。面向公众热点，用科学的考古学知识向社会公众科普是一个可取的向公众介绍考古学成果的方式。""汉服运动"恰好就是这样一个公众关注，尤其是青年人关注的热点，能够成为向大众介绍考古学成果、科普历史知识的良好载体。对于汉服与考古学的"梦幻联动"，沈涛表示："汉服运动中提到的汉服源自中国古代的传统服饰。公众对汉服的关注势必会激发对中国古代服饰文化的兴趣。考古相关工作者恰好因为自身职能，接触到真正的古代服饰文物并且履行保管义务。考古部门有丰富的历史资料和实物证据研究中国古代的服饰文化，也有职责向公众展示这些服饰文物，以及对于中国古代服饰的研究成果。这样既能够让公众了解汉服背后蕴藏的传统服饰文化，

---

1 张光忠主编.社会科学学科辞典[Z].北京:中国青年出版社,1990 年, 第 997-998 页.

同时从考古学的视野观察汉服运动的发展现状，可以对汉服运动做出科学的评价和建议，指导其更合理地发展。"据此，他在文章中尝试从公众考古学的角度出发，观察汉服运动的发展过程，分析汉服运动的特点与性质。[1]

三、美学

黑格尔在他的《美学》一书中提出："美学研究的范围是美的艺术或艺术的美，美学实质上是'艺术哲学'。"[2] 我们现在一般把美学认为是研究美的学科，或研究审美的学问。

汉服也有着多种层面的美，展现出了独特的中国美学特征。如华中农业大学的杨疏寒在《庄子美学思想对现代改良汉服的影响》中指出：现代改良汉服作为一种新的服装种类，在服装设计理念、服装形制设计和服装纹饰设计上都一定程度受到了老庄美学思想的影响，喜欢轻盈飘逸、洒脱自然的风格。如何能够在继承和发扬这种美学特征的同时，保持现代服装简洁方便、适合日常生活的特性，是汉服运动需要重点关注的问题。[3] 西安工程大学的宋慧敏和徐青青在《现代汉服美学艺术研究》中对现代汉服在发展传播过程中呈现出的美学艺术价值进行了阶段性的总结，延伸性地提出了对中国传统文化的传承和发展有益的建议。[4] 西安工程大学的雷蕾对汉代服饰的美学符号及其应用进行了研究与分析。[5]

1　沈涛.公众考古学视野下的汉服运动 [J].大众文艺, 2020（24）: 213–215.

2　弗里德里希·黑格尔.美学 [M].重庆: 重庆出版社, 2016 年, 第 4 页.

3　杨疏寒.庄子美学思想对现代改良汉服的影响 [J].理论观察, 2020（7）: 33–35.

4　宋慧敏, 徐青青.现代汉服美学艺术研究 [J].明日风尚, 2020（21）: 155–156.

5　雷蕾.汉代服饰的美学符号研究 [D].西安: 西安工程大学, 2014 年.

第十二章　壮我华夏：汉服与传统文化复兴

在汉服之美的背后，寄托着复兴华夏优秀传统文化的愿望，这是无数汉服爱好者的初衷与共识。但是关于如何复兴优秀传统文化，存在着各种论争。

第一节　民族服饰与民族身份

豆瓣的"汉服"小组拥有超过 2.5 万名组员，小组首页的欢迎词这样写道："我们的民族服饰，是'汉服'。她是人类文明史上最璀璨的明珠，以高超的美学工艺屹立于世界服饰艺术之巅；她是汉民族一脉相承的传统服饰，将中华文明的精神理念融入古国生活点滴之间……我们复兴的绝不只是一件衣裳，这只是最最表象的东西。我们复兴的是一种文化，一种精神，一种文明，汉民族的伟大文化，中华民族的伟大文明！"[1] 这段欢迎词最早来自 2006 年的百度汉服吧，后来被豆瓣汉服小组借用了过来，沿用至今。截止到 2021 年 8 月，百度汉服吧拥有将近 120 万名成员，目前在百度汉服吧置顶的吧规里，已经不见豆瓣汉服小组借用的这些内容，但是在百度汉服吧的 logo 旁边，有着醒目的"汉民族传统文化的传承和推广"字样，这些文字开宗明义地表达了百度汉服吧的宗旨。

1　豆瓣汉服小组.百度汉服吧欢迎词[EB/OL]. (2006-10-28)[2023-2-14]. http://www.douban.com/group/27115/.

值得注意的是，这种由重现汉服之美来复兴华夏优秀传统文化的努力，虽然受到了 2000 年之后学术界国学风潮影响，但其发起和实践并非来自官方的推动，而是来自当代青年人的一种非常质朴和自然的体验：中华 56 个民族，其他民族可以穿戴自己独具特色的民族服装参加节日庆典，每到这种场合，汉族却会因没有自己的民族服装而尴尬，汉族真的没有自己的民族服装吗？

一、56 个民族，56 朵花？

2007 年，汉网论坛上的几位网友合写了一篇文章《痛哉！汉服！：汉民族服饰消亡简史》，文中对汉民族服饰的消亡充满了痛惜之情："今天的中国人，大多数都认为自己是汉族，可是他们毕生都没见过自己民族的服装。甚至在许多国人的心目中，汉族从来就没有民族服装，穿民族服装是少数民族的特色。没有民族服装，使汉族人在很多场合陷入尴尬的境地。2004 年的 56 朵民族金花联欢活动中，55 个少数民族都身着各自的民族服装，而汉族金花却身着西式黑色晚礼服。其实，汉族并非原本就没有自己的民族服饰。从上古时代开始，自成一系的汉族服饰，就伴随着华夏人民的生活点滴，构成华夏民族延续上千年的独特风景线，成为古典中国文明的重要象征……然而，就在她绽放耀眼的光芒的时候，却突然从神州大地上消失了，仅留下一片废墟瓦砾，长伴如血残阳。"[1] 由于汉网论坛已经注销了，因此这个帖子找不到原出处。但是这篇文章却被转载到了豆瓣的多个小组、百度的多个贴吧里，里面的字句也一再被后来的汉服爱好者们在各种场合引用。

百度汉服吧的小吧主锦官城诗易曾经在自己的长帖《我的汉服 10 年》中表达了同样的困惑："这要从上小学说起。教材差异，可能部分吧员有学过一门课叫"常识"。课本上有一幅插画，是 56 个民族的小朋友站在一起，大家都穿着漂亮的民族服装，而汉族却穿着红领巾、白衬衣。我曾经问过父母、老师，为什么我

1　杨靖武Reardon.屠刀下的文明：汉服的非正常消亡史[EB/OL]. (2013-4-29)[2021-8-21]. https://www.douban.com/group/topic/38761787/?type=like&_i=66209114myotCd.,8245547QN1OZfW.

们汉族不穿民族服装？得到的回答无一是：汉族没有民族服装。从小到大，我一直都很奇怪，有着数千年历史的庞大族群，有礼仪之邦美称的华夏，为什么没有自己的民族服装？"这个帖子引发了百度汉服吧中众多同好的共鸣，网友 eun-seo 说："我小时候一直以为只有少数民族才穿那种具有特色的衣服，心中完全没有民族服饰这个概念，认为汉族好像没什么特色。"网友锺奕奕说："这个问题，我小时候也问过。答案嘛……哎。"[1]

正是为了消除这种疑惑，许多来自民间的年轻人自发开始了回溯汉民族服装历史的探索，并试图用制作和穿着汉服的方式重新连接这段断裂的历史。但是，这种自发探索和延续历史的努力，尽管有着质朴的民族情感作为依托，刚开始出现的时候却仍遭遇到了不少的误解，而这些误解往往以一种非常诡异的形式呈现：被民众攻击不爱国，不尊重本民族历史。

二、是汉服还是和服？

2010 年 10 月 16 日重阳节，成都一名女孩穿着曲裾在春熙路的德克士二楼就餐。坐下不久之后，女孩就感觉到楼下有一些男青年对她指指点点，片刻之后，这些人冲到楼上，指责女孩穿和服，要她把衣服脱下烧掉。女孩和随行的朋友一直解释这是汉服，汉族的传统服饰，但是没有人愿意听她们的解释。无奈之下，女孩去卫生间脱掉曲裾递了出去，但这些歇斯底里的男青年仍然不满意，要求女孩把里面穿的裙子也脱掉。被迫交出裙子没有衣服蔽体的女孩在卫生间里无法出去，后来有好心人把新买的裤子给她穿上，她才得以脱身。而那些拿到曲裾和裙子的男青年则兴奋地到楼下焚烧了裙子。[2]

这件事情虽然已过去了十多年，在网上已经很难找到当年正规媒体的报道，但在百度贴吧、豆瓣和哔哩哔哩上，都留下了许多对这一事件的回顾和反思。在

1　锦官城诗易.【我的汉服 10 年】从开始到现在 [EB/OL]. (2018-2-9)[2023-2-14]. https://tieba.baidu.com/p/5546917335.

2　汉服吧钥匙. 致在成都胁迫一女孩脱掉汉服肇事者的公开信 [EB/OL]. (2010-10-18)[2023-2-14]. https://tieba.baidu.com/p/915477749.

这些回顾和反思的帖子里，不难发现，春熙路焚烧汉服事件并不是一个孤立的事件，许多穿汉服的人都曾经遭遇过不同程度的误解。比如锦官城诗易就在《【我的汉服10年】从开始到现在》里这样讲述："从我初次穿上汉服，到近几年以来，各种误会、嘲讽、冷眼、辱骂，甚至吐口水的情况都有，冷遇更是数不胜数。穿越、复古、神经病、唱戏的、日本人、韩国人、朝鲜人、越南人……以上都是我这些年来真实遇到的称呼。"[1]

这些对于汉服爱好者的误会，不仅出现在汉服推广之初，尽管近几年汉服已经被越来越多的人喜欢，类似的事情也时有发生。百度汉服吧有一个发布于2019年的帖子《第一次穿汉服出门，被骂了，心情很不好》，帖主嘘下雪了是一位男性汉服爱好者，他生活在西安。他第一次穿汉服出门，和朋友一起在公交车站等车时，遇到一个四五十岁的男子，该男子骂他穿的衣服恶心，并威胁要动手打人。帖主一直解释这是汉服，不是和服，对方也没有停止贬低和辱骂。在这个帖子的主帖后面有600多条回帖，时间从2019年5月一直到2021年7月，不少跟帖的网友讲述了自己因为穿汉服被误会和嘲讽的事情：明明穿的是汉代的服饰曲裾深衣，却被误认为穿了和服；明明是明代的襦裙，却被误认为是韩服。和服和韩服在产生和流变的过程中深受传统中国服饰的影响，因此和汉代的深衣及明代的襦裙有相似的地方。现在大众却完全不了解深衣及襦裙，只知道和服和韩服，这让汉服爱好者们感到非常痛心。

三、传承文化之责任

如何才能消除这些误解？汉服爱好者们认为根本的方法就是加大对汉服知识的普及和推广力度。不仅如此，他们还进一步认为，与汉服的隔阂直接源自与中国历史的隔阂、对传统文化的漠视，所以他们希望在推广汉服的同时，推动人们去深入了解汉民族的历史和传统，不要只停留于模糊的印象或道听途说层面。所以我

---

1 锦官城诗易.【我的汉服10年】从开始到现在[EB/OL]. (2018-2-9)[2023-2-14]. https://tieba.baidu.com/p/5546917335.

们可以看到，在与汉服相关的网站、百度贴吧、豆瓣小组、新浪微博和微信公众号中，有着许多普及传统历史和文化知识的帖子。发布这些帖子的年轻人，有些有着人文、历史、艺术或服装等学科的背景，有些人却并没有受过相关学术训练。但不管有没有专业背景，他们都显示出了对汉服及传统文化发自内心的热爱，自发从古代典籍和近现代研究资料中搜寻相关信息、汇总整理，并通过各种网络平台和同好分享。

比如豆瓣用户撷芳主人从 2010 年开始，就在豆瓣上撰文介绍中国传统服饰，尤其是明代服饰。其文文字翔实，论据充足可信，穿插有大量文物插图作为佐证，吸引了许多的汉服及历史爱好者。撷芳主人在新浪微博也注册有账号，截至 2021 年 7 月已经有了 279 万名粉丝。2011 年，撷芳主人在北京邮电大学出版社出版了《Q 版大明衣冠图志》，该书用漫画的方式，轻松幽默地展示了明代各种不同身份阶层的人们多种多样的穿衣方式。该书深受读者喜爱，在豆瓣读书上的评分达到 9.3 分。

虽然各种汉服平台最常见的知识普及内容都是与服饰相关的，但没有止步于服饰，而是对古代的典章制度、人文科技都有所涉及。比如百度汉服吧有一个发布于 2014 年的热帖《历史文物有多时髦？我们的古人有多潮？》，该帖用细腻和充满趣味性的笔触介绍了中国历史上的许多精品文物。帖主寒梅落雪认为，古代人并不像现代人想象得那样简朴、艰难和无趣，他们的爱美之心和智慧一点也不弱于现代人。帖子重点介绍的文物有西汉的雁鱼铜灯，帖主认为这个灯的设计非常出色，体现了节能环保无烟的特点。照明时燃料燃烧产生的废气，会通过雁颈吸入雁体，被雁体里的水稀释，从而保持室内空气的清新。除了雁鱼铜灯外，寒梅落雪还介绍了战国的错银铜方案、汉墓出土的医用长流银匜、南宋的球鞋和明代的粉饼，每一个文物都能带出一段独特的历史。这种介绍历史文物的方式很受网友欢迎，该帖共收获了 3000 多条回帖。[1]

---

1 寒梅落雪.历史文物有多时髦？我们的古人有多潮？[EB/OL]. (2014-2-26)[2023-2-8]. https://tieba.baidu.com/p/2889536146.

试图描述一段更加丰富多元的历史，改变国人对中国历史的刻板印象，是汉服爱好者们努力践行的另一项工作。比如在豆瓣有一个"汉服–汉文化相关"小组，是一个专门为汉服和汉文化爱好者提供深度交流的场域，该小组的宗旨——"起于衣冠，达于博远；衣冠撑场，文行领路"——非常精练地表达了汉服和汉文化爱好者的立场。在这个小组里，有很多对汉服及汉文化进行严肃讨论的帖子，有些是本组成员原创，更多的是从各大汉服相关网站搜集整理来的文字。内容涉及汉服活动的发展走向及意义，中国古代科学发明的价值，中国传统建筑的特色，各个不同朝代的经济发展水平等问题。这些帖子体现了参与者们浓厚的历史兴趣及探本穷源的热情，提供了一些与初高中历史教育及大众常识不同的历史叙事。

小组中一个名为《[在别处看过也不奇怪]中国历史上一些不为人知的实际情况》的帖子，就介绍了一些不太为人所熟知的历史。比如，在普通大众的印象里，宋是一个文弱的朝代，疆域和国力远不如汉唐和后来的清，被来自北方的民族辽、金打得节节败退。这个帖子却说："中国在北宋神宗元丰年间，城市化率达到惊人的30%以上；在所谓'康乾盛世'时代，这一比例也不过9%……北宋时期，中国一直在扩张领土，直到靖康之变的前一年（整个北宋时期）才停止……中国南宋时期最先进的织布机有1800多个活动构件，其中有的技术是当前织布机也无法达到的。"[1]这些知识，是帖主从百度贴吧的相关讨论里汇总来的。在汉服–汉文化相关小组里，这类的汇总帖还有很多，有些还列出了专业书籍作为知识来源文献。这些汇总体现了小组成员深挖和重读历史的努力。

第二节　汉服与汉礼背后的价值观之争

一、汉服祭孔与汉服儒心

对历史的重新解读直接引发了对中国传统价值观的再反思，尤其是对儒家文

1　文化相关深议组.[在别处看过也不奇怪]中国历史上一些不为人知的实际情况[EB/OL].(2021–1–5)[2021–8–21]. https://www.douban.com/group/topic/207269730/?_i=66213694myotCd.

化的重新评价。从 20 世纪初新文化运动以来，孔孟礼教曾经被当作旧式文化的代表，经历了几代知识分子的批评与反思，人们试图从中找到近代中国积贫积弱的原因，并以史为鉴，为现代中国的发展提供思想动力。然而在 21 世纪初，随着国力的增长，人们开始重新反思历史，对以孔孟为代表的儒家文化的看法发生了显著的改变，尤其是汉服爱好者群体，认为儒家文化是中国传统文化的精髓，它所秉承的仁义礼智信的伦理原则，不仅在传统社会中起到过重要作用，在社会飞速发展的今天也有着非凡的意义。

早在 2005 年，汉服风潮刚刚兴起的时候，就有十多位来自全国各地的自称"新儒生"的青年，统一穿着深衣，到山东曲阜孔庙按明代制式行祭礼，这被汉服圈誉为"当代中国大陆第一次由真正意义上的儒家学子自主举行的祭祀先师孔子的圣礼"[1]。其实，从 1984 年开始，曲阜孔庙就已经恢复了祭孔活动，此后其他地区的孔庙也陆续重启祭孔典仪。只是，这时候的祭孔多延续了清代典仪形式。而 2005 年新儒生的汉服祭孔，则遵循明代礼仪，开创了当代汉服汉礼祭孔的先河。由此之后，有更多的人加入了穿着汉服祭奠孔子的活动，主办方有些来自民间，有些来自商业教育机构，甚至有些中小学和大学也加入了汉服祭孔的行列。

比如 2015 年贵阳孔学堂举行了祭孔仪式暨开笔礼。在祭礼上，有 520 名学生代表及 620 名市民代表一起向孔子像行礼、敬花。祭祀仪式完成后，又有 320 名穿着蓝色汉服的小学一年级新生，在祭祀官的引导下写下一个"人"字来完成开笔仪式。主办方认为，这次典仪"不仅是对大成至圣先师孔子的祭奠，更是华夏儿女以崇高的敬意传承和发扬中华优秀传统文化，复兴中国文化之梦的有力实践"[2]。

又比如，2016 年 9 月，同济大学在校园的孔子像前面举行了祭孔礼。"祭拜中国伟大的思想家、教育家孔子，表达对这位伟大先哲的怀念和敬仰。校党委副书记马锦明、副校长江波，以及师生代表参加。"祭祀过程中学生身穿深衣，一起朗

1　春花秋月四季飞.时光机：2005 年，穿汉服出门[EB/OL]. (2010-12-16)[2023-2-14]. https://www.douban.com/group/topic/16430908/.

2　田钰琳.礼乐致敬先师 传承中华文脉：纪念孔子 2566 周年，贵阳孔学堂祭孔典礼暨开笔礼隆重举行[EB/OL]. (2015-9-28)[2023-2-14]. http://www.kxtwz.com/system/2015/09/28/014560331.shtml.

诵祭文："煌煌中华，郁郁文明。天行刚健，地道宽弘。伟哉夫子，如岳之耸。德继往圣，学集大成……巍巍神州，四海大同。伏惟尚飨！"[1]

除同济大学外，举行过汉服祭孔礼的大学还有很多，比如湖南科技大学、哈尔滨工业大学等。

与汉服祭孔典礼同时出现的，是汉服圈"草根"阶层对儒学的研究、讨论和倡导。这些自称为"新儒生"的民间儒学倡导者，将重振儒学看作重塑汉民族身份意识的关键。如果说穿着汉服是从身体和服饰的角度来体现汉民族身份的话，崇尚儒学则是从精神层面重建汉民族身份。

尽管以"新儒生"自诩的这些汉服爱好者们，绝大部分并没有受到过严谨的学术训练，因此对儒家经典的理解并没有那么深入，但是他们研究和讨论的热情却是空前高涨的。在汉服运动发展早期的2010年左右，汉网仍然比较活跃的时期，就产生了许多对儒家"仁""礼"等核心观念的知识普及，汉服爱好者们还试图将儒家经典与民族认同、国家形象等宏大问题结合起来进行探讨。不过可惜的是，随着汉网退出历史舞台，这些探讨的原始记录现在已经不可考了，只在百度贴吧、豆瓣和知乎的一些回溯汉服运动发展历史的帖子里还留有一些印记。

儒学之礼，是不是需要加以改变以适应现代社会的发展，也是人们争论的一个焦点。比如2011年曾有一篇名为《中国崛起与文明复兴》的文章讨论说："还需要注意的是，中国传统文化本身毕竟产生于农业文明时代，而今天的中国正处在高速的工业化、城市化过程中，社会变化剧烈，传统文化原来寄生的土壤——农村现在也已发生了翻天覆地的变化……在此背景下，对中国传统文化的复兴就不能只是把原来的老一套重新拿出来，硬塞给人们，如果要人们在伦常日用中实践，就必须对其进行一个大规模的改造和转化。"[2]文章显然是支持儒学复兴的，但认为应该改良儒学以使其适应新的社会发展趋势。这种改良的观点旋即遭到了批评，

---

1 同济大学新闻中心.我校举行祭孔礼仪式[EB/OL]. (2016-9-27)[2023-2-14]. https://news.tongji.edu.cn/info/1003/41383.htm.

2 萧武.中国崛起与文明复兴[J].南风窗, 2011(22): 54-55.

2011年年底一篇名为《文明复兴与中国崛起：兼与萧武兄商榷》的文章说："同样，我们不要眼看着今日中国GDP排位第二，一千人喊出各种中国崛起的口号，就认定中国崛起已是板上钉钉，君不见，1840年前，大清帝国的GDP还是世界老大呢！所以，如果没有中华文明的复兴，所谓中国崛起，只是一个遥远的梦想……对于以儒家文化为核心的文化传统，'五四'以来，不管是持反对还是同情态度的人，都认为文化土壤已变，'三纲'自然可弃。显然，萧武兄是认同这点的。但不管是现代史家陈寅恪，还是当代新儒蒋庆，都几乎直接把'三纲五常'视为中华文化之核心，弃此，就不要谈什么中华文明复兴了。"[1]作者认为，儒家的核心"三纲五常"不应被废除，反而应被视为建立具有中国风范的现代化国家的救世良方。这两篇文章，都曾被多家媒体转载。

所谓"三纲五常"："三纲"指父为子纲、君为臣纲、夫为妻纲；"五常"通常指仁、义、礼、智、信。三纲五常在"五四"新文化运动之后，长时间被当作腐朽封建教义批判，因为其所强调的基于宗法父权制的等级观念与现代社会尊重个人权益和个体选择的价值观背道而驰。就在重振三纲五常的观点被提出来的同时，孝道和妇德这些字眼也重新回到人们的视野。随着汉服祭孔活动的展开，又陆续出现了穿汉服给父母洗脚、穿汉服向父母叩拜谢恩的活动，有些地方还借弘扬传统文化的名义，开起了女德班。

二、关于复兴传统礼仪的论争

对于让儿童和青少年给父母洗脚的活动，早在2011年，就有学者站出来进行批评。比如中央民族大学副教授蒙曼就认为，让孩子给父母洗脚的行为是愚孝。愚孝在鲁迅时代就已经被推翻，不应该被重新捡起来。父母和孩子的关系应该是对等的。她还问过穿汉服的孩子觉得汉服是否舒服，孩子摇了摇头。蒙曼认为穿

---

1 东民.文明复兴与中国崛起：兼与萧武兄商榷[EB/OL].(2016-8-3)[2021-8-21]. https://www.rujiazg.com/article/8697.

汉服学古礼只是文化表象，并不是恢复传统文化。[1]蒙曼的观点引发了两种截然不同的反应。支持她的网友表示，时代不需要愚忠愚孝；而持反对意见的则表示，现在的孩子缺乏感恩之心，给父母洗脚可以让孩子体会孝道和感恩。[2]

　　虽然穿汉服给父母洗脚、下跪的活动引发了许多争议，但从 2010 年到 2020 年，这类活动依然层出不穷，同时引发了更多的人加入讨论。比如，知乎上就有一个发布于 2021 年的热议问题："如何看待南宁五象三中成人礼穿汉服在雨中向父母集体行跪拜礼？"在这个问题刚刚发布的时候，支持者和反对者意见都很鲜明。比如，有支持者认为，向父母跪拜和为父母洗脚是爱的表达，对此没有必要上升到鲁迅所说的"吃人的封建礼教"的高度。中国社会需要礼仪，而中国传统礼仪并没有得到很好的继承，现在应该建设新的礼仪。但更多网友站在了反对的一面，比如网友慕枫就认为："新文化运动以来打倒的牛鬼蛇神都全面复辟了，别给我说什么复兴传统文化，我看就是开倒车，拾起封建礼教来吃人。新时代中国的年轻人应该努力向前看，用符合当代和未来生产力发展的价值观去生活……什么时候跪拜礼成为家常便饭、9 月 28 日成了教师节、中小学义务教育教四书五经，那烈士的鲜血可真是全都白流了。"[3]截止到 2021 年 7 月，慕枫的回答获得了 8574 个赞，成为点赞量最高的回复。而许多支持穿汉服跪拜父母、给父母洗脚的回答，不断被网友们批评，到了 2022 年，这些回答大多消失不见了。

　　比孝道争议更大的是女德问题。2010 年至 2020 年，女德班屡屡冒头。比如 2014 年，东莞蒙正学堂女德班教育女性：男为大，女为小；打不还手、骂不还口、逆来顺受、坚决不离婚；穿得时尚暴露，等于教人强奸；只有好女人才能拥有健康

1　廖银洁，曾汉南.中央民族大学副教授称小学生给父母洗脚是愚孝 [EB/OL]. (2011-8-21)[2021-7-27]. https://news.sciencenet.cn/htmlnews/2011/8/251213.shtm.

2　廖小清.给父母洗脚："愚孝"还是感恩[EB/OL]. (2011-9-5)[2021-7-27]. http://www.wenming.cn/wmpl_pd/shzt/201109/t20110905_309982.shtml.

3　慕枫.如何看待南宁五象三中成人礼穿汉服在雨中向父母集体行跪拜礼？[EB/OL]. (2021-4-17)[2023-2-8]. https://www.zhihu.com/question/454497493/answer/1835282470.

和财富。[1]2017年抚顺市传统文化教育学校女德班教育学员："女子点外卖不刷碗就是不守妇道"，"女人就要少说话，多干活，闭好自己的嘴"，"女子就不应该往上走，就应该在最底层"。2020年，曲阜女德班夏令营让"不守妇道"的少女自我忏悔，称自己"伤风败德""不要脸""让祖宗蒙羞"。[2]这些女德班虽然都被责令终止了，但民间部分传统文化的拥护者希望复兴女德的意愿却没有随之消失。

汉服圈有一个很有意思的现象是，那些喜欢高屋建瓴讨论民族复兴、国家大义的成员往往是男性，喜欢穿汉服拍照、出游、参加聚会及表演的则大多是女性，总体来说女性汉服爱好者的数量占绝对优势，汉服市场也以女装为主。那么，在汉服圈中的女性同好是如何看待女德问题的？出人意料的是，在年轻的女性汉服爱好者中也有许多女德的拥护者，希望恢复旧礼，让女人变得温柔、娴雅、懂规矩。比如在2013年百度汉服吧一个名为《(老板娘茶话)没有规矩，何成方圆？：也谈女德》的帖子里，这个女性帖主表达了对女性道德状况的担忧，她认为现在很多女性飞扬跋扈，敢跟男人叫板动手，见到好看的男人就主动追求，是一种非常糟糕的状态，应该有某种规范去约束，不能一味认为女德就是压迫人性。回帖里有不少人对她的话大加赞同，一位名为alisander的网友说："窃以为，'三从四德'是一种客观存在，也就是事实如此。'三从'：在家从父——关键是得跟着老爹吃饭；既嫁从夫——女子养于其夫，现在就是有工作很多女性不也要老公意思意思；夫死从子——哪个不孝子孙敢弃养老娘？'四德'，不用解释了，总体说的是中国妇女的四种传统德行，是一种榜样的存在，不叫你学好人，莫非要你学坏人！"[3]

2015年百度汉服吧的一个帖子《【投票】【拒撕慢慢说】穿上汉服以后还不应该有女汉子？》讲述了帖主在汉服社团遭遇的困惑：女孩子穿上汉服之后是不是

1　周强.东莞"女德班"因违背社会道德风尚被责令停办[EB/OL]. (2014-9-26)[2023-2-8]. https://baike.baidu.com/reference/15835851/a5c0x_gbQ0wUTggI9Mzu4xVf9eAM276PuMhUFgxSv_9dLUWJEIHJlnMMsb5XTHPKWRM4NuU8cBBm4qbdMP3a3M2xfp4T6gR3PumSNCHmZeuw.

2　红星新闻.曲阜女德班夏令营被责令终止[N]. 西藏商报，2020-7-31.

3　闺中奇女子.(老板娘茶话)没有规矩，何成方圆？：也谈女德[EB/OL]. (2013-3-10)[2023-2-14]. https://tieba.baidu.com/p/2203846855.

就应该学习古代女性的端庄娴雅，不应该有"粗鲁"行为？有许多人回帖说，穿上汉服就应该有与之相匹配的礼仪和美。[1]在百度贴吧、豆瓣和新浪微博上，这种情形非常常见：女孩穿上了汉服就被要求拿出和汉服相匹配的身体姿态，比如说要"像个大家闺秀"，要微微低头、双手收拢放在身前，显得娴雅谦和。在一些汉服雅集上，女孩子们会相互展示才艺，这些才艺多是汉服爱好者心目中古典闺秀必备的技能：琴棋书画，以及裁剪刺绣。汉服在这里不仅是一种民族身份的象征，同时也体现了一种对身体和精神的规训。

一些喜欢汉服，但又不喜欢旧礼的女孩会说，我只穿我爱穿的衣服，根本不去理会什么礼仪规矩。但是由于古代传统服饰通常是与身份阶层相关的，穿什么样的服饰就意味着要遵循什么样的行为规范，汉服爱好者们在追寻历史、还原古代服饰细节、还原古代生活场景的时候，很难不受到这些礼仪规范的影响。并且，在汉服圈还有一些对古典礼仪孜孜以求的成员，会不断向同好们传播谨守古礼才能体现地道的汉服之美的观念。

在汉服圈中恢复旧礼的声音连绵不绝，但是对此保持警醒和反思的也大有人在。晋江文学城因为聚集了大量的女性作家和读者，对女性问题一向非常关注，在晋江文学城的论坛"闲情"中，也存在大量与汉服相关的讨论。2014年的一个名为《后知后觉看到了那个被国学女德班虐待的小孩子，忽然发现，这两年确实国学班啊女德班啊冒出来好多》的帖子，表达了对汉服社发展趋势的担忧，帖主认为各种汉服社团中陈腐气息越来越浓，喜欢汉服的女孩子满口都是传统文化，但没有意识到有些她们推崇的传统文化恰恰是压迫女性的糟粕。有些极端的女德班虽然被取缔了，但温和的公益性的国学女德班却越来越多，常和汉服文化联系在一起被推荐。帖主担心这种潜移默化的影响会导致很多喜欢汉服的女性在不知不觉中被驯化。这

1　无拘.【投票】【拒撕慢慢说】穿上汉服以后还应不应该有女汉子？[EB/OL]. (2015-10-20)[2023-2-8]. https://tieba.baidu.com/p/4112584069?pid=77773224237&cid=0#77773224237.

个帖子吸引了 300 多条回帖加入讨论。[1]

在这些比较激烈的争论之外，还有一些汉服爱好者试图展开一些较为理性和深入的探讨。比如区分儒学和儒教，区分汉服的美学色彩和礼俗功能，主张不能把传统文化窄化，传统文化应包含多种要素等，但可惜的是，这些话题受到的关注不多，往往未能充分展开就被那些引战话题淹没掉了。

综上可以看到，发起于民间的汉服运动，依靠年轻的汉服爱好者们的力量，借助于新媒体平台，有效普及了汉服及历史知识，使得普通人对汉服和传统文化的理解不断深化，增强了民族自信心和认同感。汉服运动同时也带动了关于传统文化和现代文明的关系的新一轮讨论。与"五四"新文化运动不同的是，这一轮讨论不再局限于文化精英圈层，而是将更多的普通人吸引过来加入讨论。虽然在讨论中出现了很多未尽如人意的现象，但值得注意的是，有许多出现在汉服圈里的观念冲突，比如围绕孝道和女德展开的争论，不是单纯由汉服引起的，而是借由汉服圈的活动呈现出来的深深根植于我们这个文化共同体内部的矛盾和冲突。这些矛盾和冲突只有经过充分展现和讨论，才能被大众看到，并进一步寻求解决和发展的策略。从这个角度来看，汉服运动功不可没。由于汉服运动仍十分年轻，随着近些年来国力的增长和文化自信力的提升而发展势头正好，相信在未来的岁月中，汉服运动一定能够展现出更多的活力，提供更高质量的精神食粮。

---

1 女德班. 后知后觉看到了那个被国学女德班虐待的小孩子，忽然发现，这两年确实国学班啊女德班啊冒出来好多[EB/OL]. (2014-6-16)[2023-2-14]. https://bbs.jjwxc.net/showmsg.php?board=3&keyword=%BA%BA%B7%FE%20%C5%AE%B5%C2&id=720828.

参考文献

[1] 班固.汉书[M].北京:中华书局,1962 年.

[2] 班固.汉书[M].杭州:浙江古籍出版社,2000 年.

[3] 卞向阳,崔荣荣,张竞琼,等,编著.从古到今的中国服饰文明[M].上海:东华大学出版社,2018 年.

[4] 曹雪芹,高鹗.红楼梦[M].深圳:海天出版社,2010 年.

[5] 陈节注译.诗经[M].广州:花城出版社,2000 年.

[6] 陈娟娟,黄能福.服饰志[M].上海:上海人民出版社,1998 年.

[7] 陈士龙编著.历代瓷器收藏与鉴赏:中国(下)[M].长沙:湖南美术出版社,2017 年.

[8] 崔记维.仪礼[M].沈阳:辽宁教育出版社,2000 年.

[9] 崔记维校点.周礼[M].沈阳:辽宁教育出版社,2000 年.

[10] 戴钦祥,陆钦,李亚麟.中国古代服饰[M].北京:商务印书馆,1998 年.

[11] 董进.Q版大明衣冠图志[M].北京:北京邮电大学出版社,2011 年.

[12] 杜佑.通典(上)[M].长沙:岳麓书社,1995 年.

[13] 冯国超主编.礼记[M].长春:吉林人民出版社,2005 年.

[14] 弗里德里希·黑格尔.美学[M].重庆:重庆出版社,2016 年.

[15] 高承.事物纪原[M].北京:中华文局,1985 年.

[16] 古月编著.国粹图典纹样[M].北京:中国画报出版社,2016年.

[17] 汉晋衣裳编委会编著.《汉晋衣裳》第一辑[M].沈阳:辽宁民族出版社,2014年.

[18] 华梅.中国服装史[M].北京:人民美术出版社,1999年.

[19] 黄能馥,陈娟娟.中国服饰史[M].上海:上海人民出版社,2014年.

[20] 黄强.南京历代服饰[M].南京:南京出版社,2016年.

[21] 贾玺增.中国古代首服研究[D].上海:东华大学,2007年.

[22] 蒋玉秋.汉服[M].青岛:青岛出版社,2008年.

[23] 郎瑛.七修类稿[M].上海:上海书店出版社,2001年.

[24] 李昉编纂.太平御览(第6卷)[M].石家庄:河北教育出版社,1994年.

[25] 刘筱燕.当代汉服文化活动历程与实践[M].北京:知识产权出版社,2016年.

[26] 刘昫,等.旧唐书[M].北京:中华书局,1956年.

[27] 流潋紫.甄嬛传[M].北京:作家出版社,2020年.

[28] 卢德平.中华文明大辞典[Z].北京:海洋出版社,1992年.

[29] 鲁迅.而已集[M].沈阳:万卷出版公司,2015年.

[30] 门岿主编.二十六史精粹今译[M].北京:人民日报出版社,1995年.

[31] 戚嘉富编著.古代服饰[M].长沙:湖南美术出版社,2013年.

[32] 邱浚.大学衍义补(中)[M].北京:京华出版社,1999年.

[33] 沈从文.中国古代服饰研究[M].北京:商务印书馆,2011年.

[34] 沈括.梦溪笔谈[M].沈阳:辽宁教育出版社,1997年.

[35] 司马迁.史记[M].北京:线装书局,2006年.

[36] 唐红卫,李光翠,阳海燕.二晏年谱长编[M].天津:南开大学出版社,2016年.

[37] 脱脱.二十六史:宋史[M].长春:吉林人民出版社,1995年.

[38] 汪旭编著.唐诗全解[M].沈阳:万卷出版公司,2015年.

[39] 王关仕.仪礼服饰考辨[M].台北:文史哲出版社,1977年.

[40] 王国珍.《释名》语源疏证[M].上海:上海辞书出版社,2009年.

[41] 王力主编.中国古代文化常识[M].北京:世界图书北京出版公司,2009年.

[42] 王鸣.中国服装简史[M].上海：东方出版中心，2018年.

[43] 王书熙编著.汉武帝刘彻全传[M].北京：企业管理出版社，2018年.

[44] 王雪莉.宋代服饰制度研究[D].杭州：浙江大学，2006年.

[45] 魏徵，令狐德.隋书[M].北京：中华书局，1973年.

[46] 吴欣.衣冠楚楚：中国传统服饰文化[M].济南：山东大学出版社，2017年.

[47] 徐天麟.东汉会要[M].北京：中华书局，1955年.

[48] 杨琳.《小尔雅》今注[M].上海：汉语大词典出版社，2002年.

[49] 徐家华，范丛博，冯燕容，等.中国历史人物造型图典书系：汉唐盛饰[M].上海：
上海文艺出版社，2018年.

[50] 杨娜.汉服归来[M].北京：中国人民大学出版社，2016年.

[51] 艺术研究中心.中国服饰鉴赏[M].北京：人民邮电出版社，2016年.

[52] 易叡主编.中国各朝代婚礼文化[M].长春：吉林大学出版社，2017年.

[53] 余徐刚.文化艺术的历程[M].重庆：重庆大学出版社，2010年.

[54] 袁仄，胡月.百年衣裳[M].北京：生活·读书·新知三联书店，2010年.

[55] 岳麓书社编.古今笔记精华录（上）[M].长沙：岳麓书社，1997年.

[56] 张光忠主编.社会科学学科辞典[Z].北京：中国青年出版社，1990年.

[57] 张竞琼，李敏编著.中国服装史[M].上海：东华大学出版社，2018年.

[58] 张秋平，袁晓黎主编.中国设计全集（第6卷）[M].北京：商务印书馆，2012年.

[59] 张廷玉.明史[M].长沙：岳麓书社，1996年.

[60] 张映勤.流年碎物[M].深圳：海天出版社，2019年.

[61] 章惠康，易孟醇主编.《后汉书》今注今译（下）[M].长沙：岳麓书社，1998年.

[62] 中国历史博物馆编.简明中国文物辞典[M].福州：福建人民出版社，1991年.

[63] 周峰编著.中国古代服装参考资料（隋唐五代部分）[M].北京：北京燕山出版社，
1987年.

[64] 周梦.中国民族服饰变迁融合与创新研究[M].北京：中央民族大学出版社，
2013年.

[65] 周锡保.中国古代服饰史[M].北京:中央编译出版社,2011年.

[66] 周汛.中国历代服饰[M].上海:学林出版社,1984年.

[67] 朱安群,徐奔.周易[M].青岛:青岛出版社,2011年.

[68] 竺小恩,葛晓弘.中国与东北亚服饰文化交流研究[M].杭州:浙江大学出版社, 2016年.

附　录　汉服常见网络用语

　　袍子： 指汉服同袍，也就是对汉服运动有共同志趣的汉服爱好者。来自《诗经·秦风·无衣》中的诗句："岂曰无衣？与子同袍。"

　　野生袍子： 指独立活动没有加入固定汉服社团的汉服爱好者。

　　大明少女： 喜欢明制汉服的姑娘喜欢称自己为"大明少女"。同系列名词还有"大宋少女"，意为喜欢宋制汉服的姑娘。

　　大明负婆： 汉服圈的自我调侃语，形容自己因购买明制汉服而导致资产成负数。也由此衍生出大宋负婆、大唐负婆等。

　　汉服种草姬： 在汉服社团中或自媒体平台上有一定影响力的汉服爱好者，穿着汉服后能展现汉服之美，引得他人购买，拥有自己的粉丝群，常与汉服商家合作。

　　十级汉服娘： 指汉服圈中那些经常把自己的标准强加给别人的人，带有讽刺性。这些人时常指摘他人的衣饰、发型、妆容、鞋子穿法不正确、搭配不得当等。

　　仙女党： 指热衷追求汉服仙气飘飘的风格而不顾及形制的人。

　　穿山甲： 穿山寨汉服的人。

　　汉服形制： 指曾经在特定历史时期真实存在过的汉服样式，其款式和穿着方式不仅体现了当时人们的审美观念，还与一定的礼仪秩序相联系。

　　时代的眼泪： 形容汉服款式。该款式在汉服运动早期曾经很受欢迎，但随着愈加严谨的历史考据，其形制被认为并不完全符合史实，因而被一些爱好者们要求从款式行列中剔除。

汉服山正：指正版汉服款式和山寨仿冒款式的差异。

翻车：指汉服制造过程出现问题，比如刺绣粗糙、板型错误，或穿着时没有达到预期效果，比如服饰鞋袜没有搭配好等。

汉服来料：指将布料寄给裁缝制作适合自己身材和口味的汉服的过程。

汉服三连：汉服爱好者看到喜欢的汉服就去问在哪家店买的，汉服的名字是什么，价格是多少。这三个问题被戏称为"汉服三连"。

汉服科幻："汉服可换"的谐音，指在汉服二手交易时询问是否可以以物换物。

后　记

　　2012 年，我开始上"时尚研究"这门课程。在课堂上，我和同学们一起研究当下的流行趋势，并且向前追溯，探究那些曾经在历史上风靡一时的服饰和妆容。出乎我意料的是，同学们对中国古典服饰、妆容的兴趣一点也不弱，无论是汉代直裾、唐代帔帛还是明代褙子，都能引发大家的无限遐思。

　　期末作业我请同学们用手边的材料为自己打造心目中最美的时尚。为了做好作业，同学们投注了极大的热情，一方面查阅资料，一方面反复实践。有的同学用窗帘、纱巾制作了唐代的高腰襦裙，为自己画上蛾眉、装饰花钿、点上绛唇，一个唐代仕女的形象就这样神奇地呈现出来。有的同学用布巾为自己包裹出幞头，将硬纸板裁剪涂色做成佩剑的样子，穿上从汉服社借来的圆领袍，画上两撇小胡子，俨然亦儒亦侠的古人。有的同学淘来绢纱、串珠和钗子，巧手做出珠花和步摇。这次作业的成果被同学们制作成视频和图片发布在网上，随即被《宁波晚报》等媒体关注并报道。[1]

　　这次经历，让我直观地认识到年轻人对中国古典传统服饰的热情，并深受感染。同时通过这个契机，我开始了解到在年轻人当中暗暗涌动着的名为"汉服"的热潮究竟是怎么回事，中间又饱含着什么样的对历史的深思，以及参与历史和文

1　沈莉萍, 朱春佳, 王雯春. 床单被套做服饰　一道与众不同的作业乐翻大学生[EB/OL]. (2012–11–20)
　　[2021–7–27]. http://news.cnnb.com.cn/system/2012/11/20/007534118.shtml?utm_source=UfqiNews.

化创造的冲动。我觉得这些热情和实践是非常值得记述的，于是就有了这本书。

这本书由我策划和主笔，同时也邀请了年轻的汉服爱好者、实践者们参与写作。具体各章执笔者如下。

第一章　黄雪娇　徐艳蕊

第二章　洪莹莹　徐艳蕊

第三章　李　妍　黄雪娇　史铃妮　徐艳蕊

第四章　陈秋蕾　徐艳蕊

第五章　高海伦　徐艳蕊

第六章　陶毅文　徐艳蕊

第七章　徐艳蕊　徐静萱

第八章　周心怡　徐艳蕊

第九章　史铃妮　徐艳蕊

第十章　徐艳蕊　陈亿安　崔天爱

第十一章　李　妍　徐艳蕊

第十二章　徐艳蕊

在书中我们简单回顾了中国传统服饰的发展历史，梳理了汉服运动与其他青少年亚文化圈层的关系，汉服运动以网络为主要阵地的启动与发展过程，汉服运动的文化意义及相关争议和讨论。我们希望，能够用自己的文字，将鲜活生动的汉服运动的当下，保存为历史中优美隽永的剪影。